AF377735

Slow Down

Kohei Saito

Slow Down

Edición revisada de *El capital* en la era del Antropoceno

Traducción de Víctor Illera Kanaya

Papel certificado por el Forest Stewardship Council®

Penguin
Random House
Grupo Editorial

Título original: 人新世の「資本論」 *(Hitoshinsei no Shihonron)*

Primera edición con este título: mayo de 2025

Printed in Spain – Impreso en España

ISBN: 978-84-666-8223-7
Depósito legal: B-4.748-2025

Compuesto en M. I. Maquetación, S. L.
Impreso en Rodesa
Villatuerta (Navarra)

BS 8 2 2 3 7

Índice

A modo de introducción:
¡los ODS (objetivos de desarrollo sostenible)
son el «opio del pueblo»!

¿Estás tomando alguna medida contra el calentamiento global? ¿Has comprado bolsas ecológicas para reducir el uso de las de plástico? ¿Llevas siempre una cantimplora para evitar comprar bebidas en envases PET? ¿Has cambiado tu viejo coche por uno híbrido?

Te lo diré claramente: solo con esa clase de conductas bienintencionadas no llegarás a nada; es más, podrían ser hasta contraproducentes.

¿Por qué? Porque creyéndonos que estamos adoptando medidas contra el cambio climático, no daremos el paso definitivo para actuar con mucha más audacia, que es lo que realmente se necesita. A través de ciertas «conductas de consumo», que funcionan como «indulgencias», que nos ahorran los remordimientos de conciencia y nos permiten vivir tranquilos dando la espalda a los problemas reales, caemos fácilmente en la trampa del ecoblanqueo (*greenwashing*) que practican los dueños del capital.

Entonces ¿los ODS de los que hace bandera la ONU y promueven por igual los Estados y las grandes empresas servirán para cambiar el medio ambiente? No. Tampoco servirán. Solo porque los Gobiernos y las empresas se adhieran y ejecuten las directrices establecidas en los ODS, no se podrá detener el cambio climático. Los ODS son coartadas. Lo único que hacen, en el fondo, es apartarnos la mirada de los problemas más acuciantes.

Hace tiempo, Marx criticó la religión, el alivio del sufrimiento que causa el capitalismo, como el «opio del pueblo». Los ODS son, ni más ni menos, la versión moderna del opio del pueblo. Y la realidad que debemos afrontar, sin buscar refugio en el opio, son los cambios casi irremediables a los que estamos sometiendo al planeta Tierra.

Debido al tremendo efecto de la actividad económica sobre el planeta, según el premio Nobel Paul Josef Crutzen, hemos entrado, desde la perspectiva de la geología, en una nueva era que ha bautizado como el «Antropoceno»: una era en la que la huella de la actividad humana cubre completamente la faz de la Tierra.

En efecto, edificios, fábricas, campos de cultivo o presas cubren sin resquicio la superficie terrestre y en el mar flotan sin rumbo enormes cantidades de microplásticos. Las creaciones humanas —lo artificial— está cambiando el planeta. Entre las cosas que más han aumentado debido a la acción del hombre, está el dióxido de carbono (CO_2) en la atmósfera.

Como bien sabes, el CO_2 es un gas de efecto invernadero. Los gases de efecto invernadero absorben el calor que libera la superficie terrestre y calientan la atmósfera. Gracias al efecto invernadero, la Tierra ha mantenido hasta ahora una temperatura habitable para el ser humano.

Sin embargo, a partir de la Revolución Industrial, el hombre comenzó a hacer uso de cantidades ingentes de combustibles fósiles, como carbón, petróleo, etcétera, y a emitir enormes cantidades de dióxido de carbono a la atmósfera. Su concentración en la atmósfera, que era de 280 ppm antes de la Revolución Industrial, superó en 2016, hasta en la Antártida, los 400 ppm. Dicen que es algo que no sucedía desde hace 4 millones de años. Ahora mismo sigue aumentando.

Hace 4 millones de años, en el Plioceno, la temperatura media del planeta era entre 2 y 3 °C superior a la actual. Los casquetes glaciares de la Antártida o de Groenlandia estaban derretidos, y el nivel del mar era, como mínimo, 6 metros más elevado. Algunas investigaciones sugieren que incluso llegó a ser entre 10 y 20 metros más alto.

¿Nos acercará el cambio climático del Antropoceno a las condiciones ambientales del Plioceno? Es incuestionable que la civilización se enfrenta ahora a una crisis existencial.

El crecimiento económico que acarreó la modernización prometía una vida de prosperidad. Sin embargo, lo que la crisis del Antropoceno está empezando a dejar patente es que, irónicamente, el crecimiento económico está socavando las bases del progreso de la humanidad.

Pero aunque se intensifique el cambio climático, quizá los superricos puedan seguir viviendo despreocupadamente, como siempre. Sin embargo, la inmensa mayoría de nosotros perderá la vida de la que ha disfrutado hasta ahora y deberá explorar desesperadamente el modo de sobrevivir.

Para evitar esta situación, no debemos dejar solo en manos de los políticos y especialistas la respuesta a la crisis. Dejar todo «en manos de los demás» solo favorecerá a los superricos. Por eso, para construir un futuro mejor, debemos ser todos y cada uno de nosotros quienes nos levantemos como los primeros interesados, alcemos la voz y actuemos. Pero actuando ciegamente no haremos más que dilapidar nuestro precioso tiempo. Es fundamental avanzar en la dirección correcta.

Para saber hacia dónde nos debemos dirigir, es necesario explorar las causas primigenias del cambio climático. Y la causa fundamental no es otra que el capitalismo. La razón es que el aumento de la emisión de dióxido de carbono comenzó en la Revolución Industrial; es decir, cuando el capitalismo inició en serio su andadura. Poco después, un pensador reflexionó honda y acertadamente sobre el capital. Exacto, Karl Marx.

Este libro analizará la relación entre el capital, la sociedad y la naturaleza, haciendo referencia, en distintos momentos, a *El capital* de Marx. Por supuesto, de ningún modo pretendo hacer un refrito de la teoría marxista. Mi objetivo es «descubrir» y desarrollar una nueva faceta de las ideas de Marx que ha permanecido en el letargo durante aproximadamente ciento cincuenta años.

En estos momentos de emergencia climática, *Slow Down* liberará nuestra imaginación para idear y construir una sociedad mejor.

Capítulo 1

El cambio climático y el modo de vida imperial

El pecado del Premio Nobel de Economía

El área de especialización del premio Nobel de Economía de 2018, el profesor de la Universidad de Yale William D. Nordhaus, es la economía del cambio climático. A simple vista, la concesión del premio a alguien como él puede parecer una buena noticia para una sociedad que se enfrenta a una emergencia climática. Sin embargo, un sector de activistas medioambientales criticó duramente la decisión del jurado.[1] ¿Por qué?

Los críticos señalaron un trabajo que Nordhaus había publicado en 1991. Este trabajo sentó las bases de la investigación posterior que culminó en la concesión del premio.[2]

En 1991, la Guerra Fría acababa de terminar y el aumento explosivo de las emisiones de CO_2 era inminente. Nordhaus integró rápidamente el problema del cambio climático en la ciencia económica. Y, como buen economista, planteó un gravamen sobre las emisiones de CO_2 y se dispuso a crear un modelo para decidir el porcentaje óptimo de reducción de emisiones de CO_2.

El problema fue la respuesta óptima que obtuvo. Si se establecían unos objetivos de reducción excesivamente altos, se perjudicaba el crecimiento económico. Por eso, lo importante, según él, era alcanzar un «equilibrio» coste-beneficio.[3] Sin embargo, el «equilibrio» que propuso Nordhaus favorecía sobremanera el crecimiento económico.

Según Nordhaus, es mejor apostar por el crecimiento económico que preocuparnos en exceso por el cambio climático. El crecimiento económico trae prosperidad y la prosperidad alumbra nuevas tecnologías. Favoreciendo el crecimiento económico, por consiguiente, las generaciones futuras podrán recurrir a tecnologías mucho más sofisticadas que las existentes y sabrán afrontar con éxito el cambio climático. Mientras se tenga crecimiento económico y nuevas tecnologías, no es necesario dejar para las generaciones futuras el mismo nivel medioambiental que el actual. Tales fueron sus argumentos.

Sin embargo, con los porcentajes de reducción de emisiones de CO_2 que él propone, la temperatura promedio de la Tierra habrá aumentado 3,5 °C en 2100. Esto significa que, en la práctica, no tomar ninguna medida contra el cambio climático es la solución óptima para la economía.

Por cierto, el objetivo del Acuerdo de París, que entró en vigor en 2016, es contener en menos de 2 °C (y si fuera posible, en menos de 1,5 °C) el aumento de la temperatura promedio hasta 2100 respecto al periodo anterior a la Revolución Industrial.

Pero en la actualidad muchos científicos están alertando del altísimo riesgo que se asume incluso con ese objetivo de 2 °C. A pesar de ello, según el modelo de Nordhaus, la temperatura subiría hasta 3,5 °C.

Ni que decir tiene que un aumento de la temperatura promedio de 3,5 °C supondría consecuencias catastróficas para países en vías de desarrollo de África o Asia. Pero la contribución de estos países al PIB (Producto Interior Bruto) mundial es pequeña. Sin duda, la agricultura, en general, sufrirá daños graves. Sin embargo, la agricultura «apenas» representa el 4 % del PIB mundial. Si solo es eso, ¿qué más da? ¿Qué importa que sufra la gente de África y Asia? Estas ideas son las que se esconden en el fondo de las investigaciones laureadas con el Premio Nobel.

Huelga decir que la capacidad de influencia de un premio Nobel como Nordhaus sobre la economía ambiental es inmensa. Lo que recalca la economía ambiental son los límites de la naturaleza y la escasez de recursos. Calcular el reparto óptimo de los recursos en condiciones de limitación y escasez es la especialidad de la ciencia económica. Y las respuestas óptimas que esta propone se asumen como soluciones *win-win*, tanto para la naturaleza como para la sociedad.

Por eso, es fácil que propuestas como las de Nordhaus sean recibidas con entusiasmo. Sin duda, como estrategia para que los economistas se hagan notar en los organismos internacionales es efectiva. La contrapartida es que se legitiman unas medidas lentas e insignificantes contra el cambio climático.

Por supuesto, ideas como las de Nordhaus han influido en el Acuerdo de París. Dije más arriba que el objetivo del Acuerdo es contener en menos de 2 °C la subida de la temperatura promedio del globo, pero esta no es más que una promesa verbal. Lo cierto es que, aunque todos los países firmantes del acuerdo cumpliesen el objetivo, las temperaturas, según algunos, podrían terminar subiendo 3,3 °C.[4]

Nótese la semejanza con la predicción del modelo de Nordhaus. Es evidente que los gobiernos de los distintos países están anteponiendo el crecimiento económico a cualquier otra consideración y postergando el verdadero problema.

Por eso, no resulta extraño que mientras en los medios se habla con frecuencia de medidas como los ODS, el volumen mundial de emisiones de CO_2 no pare de crecer año tras año. La esencia del problema se está adulterando y oscureciendo, y la crisis climática del Antropoceno continúa agudizándose.

Punto de no retorno

Que quede claro: la emergencia climática no es algo que vaya a comenzar lentamente alrededor de 2050. La crisis ya ha comenzado. Estamos en ella.

De hecho, cada año se suceden en todo el mundo los fenómenos meteorológicos anormales que en el pasado se decía que ocurrían «una vez cada cien años». Estamos aproximándonos peligrosamente a un punto de no retorno: una situación irreversible debida a cambios extremos.

Por ejemplo, en junio de 2020 se registraron en Siberia 38 °C, posiblemente la temperatura más alta jamás alcanzada en el Círculo Polar Ártico. Si se derritiera el permafrost, se liberarían grandes cantidades de gas metano y el cambio climático se aceleraría aún más. Existen, además, otros riesgos, como la fuga de mercurio o la liberación de virus y bacterias, como la *Bacillus antharcis*. Los osos polares perderían su hábitat natural.

La crisis se complica y se agrava. Si se activa la «bomba de relojería», los problemas se sucederán en una reacción en cadena, a modo de efecto dominó. Llegados a ese punto, ya nada podrá hacer el ser humano.

Por eso, para evitar el desastre, los científicos piden que se contenga la subida de la temperatura promedio de la Tierra hasta el 2100 en menos de 1,5 °C respecto al periodo anterior a la Revolución Industrial.

La temperatura promedio ya ha subido 1 °C. Para contener la subida en menos de 1,5 °C, hay que actuar de inmediato. En concreto, antes de 2030 habría que reducir prácticamente a la mitad las emisiones de CO_2 y eliminarlas por completo antes de 2050.

Si, por el contrario, se mantuviera el ritmo de emisiones actual, en 2030 se habrá superado el límite de 1,5 °C y en 2100 la temperatura promedio del planeta habrá aumentado aproximadamente 4 °C.

Estimación de los daños que sufrirá Japón

Si continúan las drásticas subidas de temperatura, como las referidas, Japón tampoco se librará de las consecuencias. Con una subida de 2 °C, desaparecerán los corales y la industria pesquera se verá seriamente perjudicada. Las olas de calor incidirán muy negativamente en la cosecha de los productos agrícolas. Los tifones estivales, temibles en condiciones normales, serán más grandes y agresivos.

Las lluvias torrenciales causarán aún más estragos. Los daños causados por las intensas precipitaciones de 2018 en la región oeste de Japón ascendieron a 1,2 billones de yenes. Pero este no es un fenómeno aislado. En los últimos tiempos, esta clase de lluvias están ocurriendo todos los años y la probabilidad de que se produzcan aumenta cada año.

La subida del nivel del mar debido al derretimiento de los casquetes polares supondrá un problema serio para nuestro archipiélago. Si las temperaturas se elevasen hasta 4 °C, los daños serían catastróficos, y algunos barrios especiales de Tokio, como Koto, Sumida o Edogawa, podrían quedar completamente anegados.[5] En Osaka, una amplia área del cauce del río Yodogawa quedaría inundada. Algunas estimaciones apuntan a que la subida del nivel del mar podría llegar a afectar, partiendo de las áreas litorales, a más de 10 millones de japoneses.[6]

A nivel mundial, cientos de millones de personas se verán obligadas a abandonar sus hogares. La distribución y el suministro de alimentos será imposible. Las pérdidas económicas serán incalculables. Según algunos, estos daños ascenderán a 27 billones de dólares anuales. Estos daños serán constantes.

La era de la Gran Aceleración

Por supuesto, los japoneses también tienen una gran responsabilidad en el calentamiento global: Japón es el quinto país en el *ranking* de mayores emisores de CO_2 del mundo. Los cinco primeros países en la clasificación, incluyendo a Japón, han generado cerca del 60 % del total de emisiones de CO_2 a nivel mundial (figura 1).

Basta con reflexionar mínimamente acerca del enorme impacto del cambio climático sobre las generaciones futuras para darse cuenta de que nuestro desinterés e inacción son imperdonables. Ahora es cuando debemos abogar claramente por un gran cambio y hacerlo realidad. El gran cambio que quiero proponer en este libro es un desafío al mismísimo sistema capitalista.

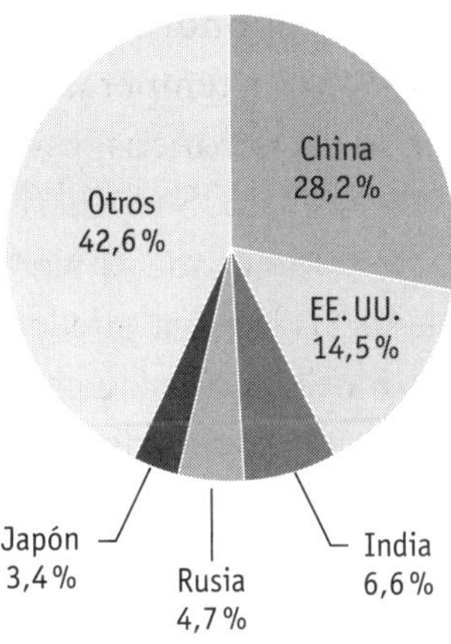

Gráfico elaborado a partir del «EMDC / Informe de Estadística Energética y Económica (Versión 2020)» de la Unidad de Análisis Cuantitativos del Instituto de Economía Energética de Japón (Centro de Conservación de Energía de Japón, 2020).

Sin embargo, antes de precipitarnos en plantear exigencias que podrían parecer poco realistas, conviene, en primer lugar, reflexionar correctamente acerca de las causas de la crisis ambiental que se está manifestando en forma de cambio climático.

Aquí me gustaría hacer referencia al trabajo de investigación de Will Steffen y colaboradores, del Instituto del Cambio Climático de la Universidad Nacional de Australia. Según estos, es del todo evidente que la actividad económica a partir de la Revolución Industrial ha incrementado ostensiblemente la carga sobre el medio ambiente: han aumentado la población, el consumo energético y la concentración de CO_2 en la atmósfera, y la desaparición de bosques tropicales salta a la vista. En especial, el crecimiento exponencial de la actividad económica tras la Segunda Guerra Mundial y el incremento a la par, y sin precedentes, de la carga medioambiental se conoce como la «Gran Aceleración». Esa aceleración se ha intensificado aún más tras el colapso del orden mundial de la Guerra Fría. Es imposible que esta situación sea sostenible. Todo indica que el Antropoceno se encamina directo al desastre.[7]

¿Cómo hemos llegado a esto? Para identificar las causas, debemos comprender claramente la relación entre la globalización capitalista y la crisis ecológica. Este será el objetivo del capítulo 1.

Los desastres de origen humano que se repiten en el Sur global

Para analizar la relación entre el capitalismo del Antropoceno y la crisis medioambiental, en primer lugar, hablaré del Sur global. Con «Sur global» se hace referencia a las áreas geográficas y a las personas que se ven perjudicadas por la globalización. Los problemas del Sur global son los que, en el pasado, se conocían como «división Norte-Sur». Ahora, sin embargo, debido al ascenso de los países emergentes y al aumento de los inmigrantes en los países desarrollados, las diferencias «Norte-Sur» se están desligando de la situación geográfica o no están necesariamente ligados a ella. Por eso, en este libro me gustaría utilizar el término «Sur global».

En cualquier caso, incluyendo las tradicionales diferencias Norte-Sur, al repasar la historia del capitalismo se ve que la otra cara de la moneda de la vida próspera en los países desarrollados ha sido una sucesión constante de desgracias en otros lugares. Es decir, en el Sur global se condensan las contradicciones del capitalismo.

Solo entre los casos más sonados y recientes se pueden citar el vertido de crudo en el golfo de México causado por la compañía británica BP; los incendios en la selva tropical del Amazonas, donde las compañías multinacionales de la agroindustria desarrollan su actividad sin la menor consideración por el ecosistema; el vertido de petróleo provocado por el carguero fletado por la naviera Mitsui OSK Lines en las costas de Isla Mauricio, y un sinfín de casos.

Las magnitudes de los daños también son enormes. En el accidente de la ruptura de la represa de Brumadinho en Brasil, de 2019, fallecieron más de doscientas cincuenta personas. Este dique era propiedad de Vale S. A., una de las tres mayores compañías mineras del mundo, y servía para retener el relave (residuo líquido espeso que es una mezcla de agua y minerales generado durante su procesamiento) de la minería del hierro.

La compañía Vale había causado un accidente similar en otra presa en 2015. A pesar de ello, una gestión deficiente del dique volvió a provocar una avalancha de varios millones de toneladas de lodo que sepultó un poblado que había cerca en un abrir y cerrar de ojos. El alud, que esparció los residuos por toda el área, contaminó los ríos y dañó gravemente el ecosistema.

¿Son estos accidentes desgracias fortuitas? No, de ningún modo. El riesgo de catástrofe había sido repetidamente señalado por expertos, trabajadores y habitantes de la zona. Sin embargo, el Estado y las compañías antepusieron la reducción de costes y descuidaron la adopción de medidas efectivas que hubieran evitado el desastre. Es decir, son desastres de origen humano que podrían haberse evitado.

Pero quizá entre los japoneses, accidentes que ocurran en países lejanos, como México o Brasil, no despierten mayor interés. Habrá lectores que los consideren sucesos totalmente ajenos a ellos. Sin embargo, nosotros, los japoneses, también somos cómplices de estos desastres de origen humano.

El acero de los coches, la gasolina, el algodón de la ropa o la ternera de los *gyûdon* llegan a Japón desde lugares remotos. Esto es porque nuestra vida de prosperidad es inconcebible sin la explotación del trabajo y el saqueo de los recursos naturales del Sur global.

El modo de vida imperial basado en el sacrificio

Los sociólogos alemanes Ulrich Brand y Markus Wissen llaman al estilo de vida de los países desarrollados, basado en el saqueo de los recursos naturales y la energía del Sur global, «modo de vida imperial» (*Imperiale Lebenweise*).

El modo de vida imperial es el dominante en las sociedades del Norte global: un modelo basado en la producción y el consumo en masa. Se trata de un modelo que procura una vida próspera a quienes, como nosotros, vivimos en países desarrollados. Por eso, el modo de vida imperial se considera generalmente atractivo y deseable. Sin embargo, esto se sostiene sobre la existencia de una estructura de saqueo sistemático de las regiones y los grupos sociales del Sur global, a los que se les imponen los costes de nuestra vida opulenta.

El problema es que el modo de vida imperial es insostenible sin este saqueo y transferencia de costes al Sur global. El empeoramiento de las condiciones de vida de sus habitantes es un requisito previo del capitalismo y la relación de dominación-sumisión del Norte y el Sur *es lo normal*, y no una excepción.[8]

Pondré un ejemplo: quienes fabrican la ropa de la *fast fashion*, hoy en día tan arraigada en nuestra vida, son obreros que trabajan en Bangladesh en condiciones miserables. El derrumbe en 2013 del edificio Rana Plaza, que albergaba cinco fábricas textiles y que mató a más de mil personas, es bien conocido.

Y quienes cultivan el algodón, que es la materia prima de la ropa que se fabrica en Bangladesh, son los agricultores pobres de la India, que desarrollan su labor bajo un calor sofocante de 40 °C.[9] Para atender la enorme demanda de algodón de la industria de la moda, se está introduciendo a gran escala el algodón transgénico. Como consecuencia, se están perdiendo las semillas que se obtenían de los cultivos caseros y los agricultores se están viendo obligados a comprar cada año semillas de la variedad transgénica, así como abonos químicos y herbicidas. No son pocos los casos de agricultores que, por una mala cosecha debida a una sequía o a una ola de calor, terminan suicidándose cargados de deudas.

Lo trágico es que incluso el Sur global, que depende de la producción y el consumo del modo de vida imperial, se ve obligado a mantener esta situación de dependencia por razones estructurales impuestas por el capitalismo global.

Como se ha dicho, los brasileños sabían que la represa de Brumadinho era peligrosa. Entre otras cosas, porque había ocurrido un accidente similar. Sin embargo, *y a pesar de ello*, los trabajadores son forzados a seguir con la extracción minera. Y no les queda más remedio que continuar trabajando en la mina y seguir viviendo en sus proximidades para su subsistencia. En las fábricas textiles de Rana Plaza, en Bangladesh, los obreros habían alertado, el día antes del accidente, acerca de las anomalías que habían detectado en las paredes y las columnas de las instalaciones, pero sus advertencias fueron ignoradas. Los agricultores indios son conscientes de que los herbicidas son tóxicos para el cuerpo humano y la naturaleza, pero la expansión del mercado de la moda, el consiguiente crecimiento de la demanda mundial y la necesidad de cubrirla los fuerza a continuar con la producción.

A mayores sacrificios, mayores beneficios para las grandes compañías. Esta es la lógica del capital.

La sociedad de la externalización que invisibiliza los sacrificios

Por supuesto, estas advertencias dolorosas han sido incontables. Sin embargo, después de escucharlas, a lo más que solemos llegar nosotros es a hacer alguna donación para, después, olvidarnos enseguida del asunto. Nos podemos permitir el lujo de olvidarnos porque esta realidad se halla invisibilizada en nuestra vida cotidiana.

El sociólogo de la Universidad de Múnich Stephen Lessenich señala que la transferencia de los costes a lugares lejanos y su invisibilización son imprescindibles para la prosperidad de los países desarrollados, a los que califica y censura como la «sociedad de la externalización».

Los países avanzados disfrutan de su vida «rica» gracias al sacrificio del Sur global. Lessenich los acusa de estar tratando de mantener a toda costa este estatus de privilegio, «no solo hoy, sino también mañana y en el futuro». La sociedad de la externalización crea constantemente externalidades para transferir a ella todo tipo de cargas. Este ha sido el fundamento de la prosperidad de nuestra sociedad.[10]

Los trabajadores y la naturaleza: objetos de saqueo

Trataré de resumir de forma sencilla la relación entre el capitalismo de los países desarrollados y el sacrificio del Sur global recurriendo a la teoría del sistema-mundo de Immanuel Wallerstein.

Según Wallerstein, el capitalismo se compone de «núcleo» y «periferia». El núcleo explota la mano de obra barata de la periferia, llamada Sur global, y aumenta su margen de beneficios comprando sus productos a precios irrisorios. A juicio de Wallerstein, se está produciendo un hiperdesarrollo de los países avanzados y un subdesarrollo de los países de la periferia a costa de un intercambio desigual de la fuerza de trabajo.

Sin embargo, dada la globalización del capitalismo, que se ha infiltrado en todos los rincones del planeta, las fronteras que definían los objetos de saqueo han desaparecido. Es decir, la mecánica de obtención de beneficios del capitalismo ha alcanzado su límite. Como consecuencia de la contracción del margen de beneficios, la acumulación de capital y el crecimiento económico se están complicando, a tal punto que se habla del «fin del capitalismo».[11]

Pero sobre lo que me gustaría llamar la atención en este capítulo es acerca del otro protagonista de esta historia. Wallerstein hablaba, sobre todo, de la explotación de la fuerza de trabajo humana. Pero este es un tratamiento sesgado del capitalismo.

El otro actor fundamental es el medio ambiente. El objeto del saqueo del capitalismo no es solo la mano de obra de la periferia, sino el medio ambiente planetario en su conjunto. Los recursos naturales, la energía y los alimentos se le arrebatan al Sur global mediante el intercambio desigual con los países del mundo desarrollado. El capitalismo utiliza a las personas como instrumentos para la acumulación de capital. Pero no solo eso: para el capitalismo, la naturaleza es también un simple objeto de saqueo. Esta es una de las tesis básicas de este libro.[12]

Si esta clase de sistema social persigue un crecimiento económico infinito, la caída del medio ambiente planetario en una situación crítica es, sencillamente, una consecuencia lógica.

Externalización de la carga ambiental

Ampliando el análisis de Wallerstein, se diría que el núcleo ha estado arrebatando los recursos de la periferia y, al mismo tiempo, imponiendo a esta la asunción de los costes y las cargas ocultos para los beneficiarios del crecimiento económico.

Tomaré como ejemplo el aceite de palma, uno de los protagonistas en la alimentación de los japoneses. El uso del aceite de palma es, no solo por su módico precio, sino por su resistencia a la oxidación, muy popular en la fabricación de alimentos procesados, en la elaboración de dulces o en la producción de comida rápida.

El aceite de palma se fabrica en países como Indonesia o Malasia. La superficie de cultivo de la palma aceitera, que constituye su materia prima, se ha multiplicado desde comienzos de este siglo. Esto ha acelerado enormemente la destrucción forestal a causa del desarrollo sin control y la sobreexplotación de los bosques tropicales.

El impacto del rápido crecimiento de la producción del aceite de palma no se manifiesta únicamente en la destrucción de los ecosistemas de los bosques tropicales. Las explotaciones a gran escala están siendo destructivas también para la vida de las personas que han dependido del entorno natural de estos bosques. Por ejemplo, su roturación para plantaciones ha erosionado el suelo, ha contaminado con abonos y pesticidas los ríos y ha reducido la cantidad y la variedad de peces. Los habitantes de estas zonas, cuya fuente de proteínas eran los peces de río, se han visto obligados a gastar más dinero que antes en alimentarse. Como consecuencia de ello, algunos se han lanzado a la caza ilegal de especies animales protegidas en peligro de extinción, como orangutanes o tigres, para obtener ingresos.

Así, tras el estilo de vida de bajo coste y repleto de comodidades del que se disfruta en el núcleo, existe no solo una explotación de la fuerza de trabajo de la periferia, sino el saqueo de sus recursos y la imposición de las cargas ambientales aparejadas.

Encima, los daños causados por la crisis medioambiental no las sufren por igual todos los habitantes de la Tierra. Las cargas medioambientales derivadas de la producción y el consumo de alimentos, recursos energéticos y materias primas se reparten de forma desigual.

De acuerdo con Lessenich, que critica a los países desarrollados como «sociedades de la externalización», transferir la carga ambiental a las personas y a los entornos naturales de lugares remotos y eximirnos del pago del coste que ello implica es el prerrequisito de nuestro estilo de vida opulento.

La negación de la conciencia de culpa y la recompensa por la procrastinación

De esta forma, el modo de vida imperial se reproduce sin solución de continuidad a través de nuestra vida cotidiana. Mientras tanto, la violencia que se ejerce para el mantenimiento de este estilo de vida se invisibiliza porque ocurre en tierras remotas.

Cuando escuchamos hablar de emergencia climática, buscamos aplacar nuestra conciencia de culpa y corremos a comprar bolsas ecológicas como si fueran indulgencias. Pero incluso estas están sometidas a la lógica de la *fast fashion*, con constantes lanzamientos de nuevos modelos. Azuzados por la publicidad, no tardamos en comprar una nueva. La satisfacción que nos procuran las indulgencias nos insensibiliza y consolida nuestro desinterés por la violencia que se ejerce lejos de nosotros sobre las personas y los entornos naturales donde se fabrican esas bolsas ecológicas. Así es como nos embauca el ecoblanqueo que promueve el capital.

No solo es que los habitantes del mundo desarrollado se vean forzados a «ignorar» esta «transferencia». La ignorancia termina por interiorizar en su mente que el modo de vida imperial, que colma su vida de riquezas, es loable y deseable. Finalmente, se termina deseando permanecer en la ignorancia y temiendo conocer la verdad. «No saber» se va transformando en «no querer saber».

Pero ¿no somos, en el fondo, conscientes de que nos va bien porque a otros les va mal?

En palabras de Markus Gabriel, uno de los filósofos alemanes actuales más destacados, lo que se está haciendo es «invisibilizar» la injusticia como algo «ajeno a nosotros» porque seríamos incapaces de soportar la verdad. Por eso, «a sabiendas de que somos los causantes de una injusticia flagrante, en el fondo estamos deseando que se mantenga el orden actual».[13]

De esta forma, el modo de vida imperial se afianza, se consolida y se va aplazando la toma de medidas contra la crisis. Así es como cada uno de nosotros nos convertimos en cómplices de esta injusticia. Pero el castigo por la procrastinación, finalmente comienza a asomar con toda su crudeza en forma de crisis climática, también en el núcleo.

La «falacia de los Países Bajos»: ¿son ecológicos los países desarrollados?

Por supuesto, estas advertencias no son especialmente nuevas. Desde las décadas 1970-1980, en las que se discutieron intensamente los problemas de la polución o de la división Norte-Sur, se viene debatiendo acerca de cuestiones similares.

Un ejemplo de ello es la «falacia de los Países Bajos» (*Netherlands fallacy*).

La vida en los países del mundo desarrollado, como los Países Bajos, está sometiendo al planeta a una enorme carga. Sin embargo, en ellos, los niveles de suciedad atmosférica o de contaminación del agua son relativamente bajos. En claro contraste con el bajo nivel de contaminación de los países avanzados, los países del tercer mundo se ven aquejados por un sinfín de problemas medioambientales, como la contaminación atmosférica y del agua, el tratamiento de basuras y residuos, y muchos otros. Y eso a pesar de que sus habitantes llevan vidas materialmente modestas.

¿A qué se debe esta aparente contradicción? Una de las explicaciones atribuye la diferencia a los beneficios de los avances tecnológicos. Según ella, estos avances, fruto del desarrollo económico, han posibilitado la reducción o eliminación de las sustancias contaminantes causantes de los daños medioambientales.

Sin embargo, que los países desarrollados se congratulen por haber logrado el crecimiento económico reduciendo, al mismo tiempo, la contaminación medioambiental es, sencillamente, una falacia. La mejora de las condiciones medioambientales de los países del primer mundo no se debe simplemente al progreso tecnológico; es el resultado, en no poca medida, de la imposición al Sur global de los efectos negativos inseparables del desarrollo económico, como la explotación de los recursos naturales o el procesamiento de basuras y residuos.[14]

La falacia de los Países Bajos consiste en creer que los problemas medioambientales se han solucionado gracias al crecimiento económico y el desarrollo tecnológico, ignorando la transferencia de las cargas y los costes a la periferia.

En el Antropoceno se ha esquilmado la periferia

Se puede afirmar que el Antropoceno es una era en que la actividad económica ha invadido hasta los últimos confines del planeta y ha agotado la periferia a la que seguir saqueando y transfiriendo sus costes y cargas.

El capital ha esquilmado el petróleo, los nutrientes del suelo, los metales raros y todo lo que estuviera a su alcance.

Este «extractivismo» (*extractivism*) es una enorme carga para el planeta. Sin embargo, así como ha desaparecido la frontera de la «fuerza de trabajo barata», está desapareciendo la «naturaleza barata» del exterior a la que seguir explotando y transfiriendo las cargas.

Por muy bien que parezca estar funcionando el capitalismo, la Tierra, al fin y al cabo, es finita. Como resultado de la desaparición del margen de externalización, las consecuencias negativas de la expansión del extractivismo terminan pasando factura también a los países desarrollados.

Aquí existe un límite insalvable para la fuerza del capital. Aunque el capital busca la multiplicación infinita del valor de cambio, la tierra tiene límites. Si se agota la periferia, el sistema actual deja de funcionar. Y comienza la crisis. Esta es la esencia de la crisis del Antropoceno.

El cambio climático, que avanza imparable, es su epítome. Ahora que ya no quedan recursos del exterior que seguir saqueando, los daños de este cambio comienzan a visibilizarse en forma de supertifones en Japón o de incendios en los montes de Australia.

¿Qué debemos hacer ahora que se nos está acabando el tiempo para luchar contra el cambio climático?

El tiempo perdido tras el fin de la Guerra Fría

Cuentan que el economista Kenneth E. Boulding dijo: «Quien crea que el mundo puede seguir creciendo indefinidamente de forma exponencial o ha perdido el juicio o es un economista». Más de medio siglo después, y ante la gravedad de la crisis climática, seguimos ávidos de crecimiento económico y continuamos destruyendo el planeta. Es la consecuencia del fortísimo arraigo de la mentalidad económica en nuestra vida. Quizá estemos «perdiendo el juicio».

Pero los niños se mantienen cuerdos. La activista medioambiental sueca Greta Thunberg dejó en evidencia la hipocresía de las medidas contra el cambio climático de los adultos. Esta chica, que alcanzó fama mundial con apenas quince años por su día semanal de inasistencia a clase en protesta por la inacción ante la crisis ecológica, criticó duramente que los políticos hablen de «crecimiento económico sostenible» solo para granjearse popularidad. Aquello sucedió en la COP24 (Conferencia de las partes sobre el cambio climático de la ONU) de 2018.[15]

El argumento de Greta es que no se podrá resolver el cambio climático mientras la prioridad del capitalismo sea el crecimiento económico. Se entiende por qué piensa así. Efectivamente, el capitalismo ha estado enfrascado en sacar la máxima tajada de las oportunidades de enriquecimiento que le brindó la globalización y la desregulación de los mercados financieros tras el colapso del orden mundial de la Guerra Fría. Esto ha significado una pérdida de 30 años preciosos en la lucha contra el cambio climático.

Corría el año 1988 cuando el entonces investigador de la NASA, James Hansen, advirtió en el Congreso de los EE. UU. que con el «99 % de probabilidad» el cambio climático era un problema de origen humano. Aquel fue, asimismo, el año en que el Programa de Naciones Unidas para el Medio Ambiente (PNUMA) y la Organización Meteorológica Mundial (OMM) crearon el Grupo Intergubernamental de Expertos sobre el Cambio Climático (Intergovernmental Panel on Climate Change, o IPCC, por sus siglas en inglés).

Existía, por lo tanto, la esperanza de un acuerdo internacional contra el cambio climático. Si se hubiera comenzado en aquel momento a tomar las medidas pertinentes, se podrían haber ido reduciendo tranquilamente las emisiones de CO_2 a un ritmo del 3 % al año, aproximadamente, y los problemas derivados del cambio climático se habrían podido solucionar.

Sin embargo, la advertencia de Hansen no fue oportuna. Porque, justo después, cayó el Muro de Berlín, se desintegró la URSS y se impuso en el mundo el modelo neoliberal norteamericano. El capitalismo halló mercados rebosantes de mano de obra barata y a los que explotar sin piedad en los antiguos países de la órbita comunista, y prosiguió su expansión.

Pero el imparable crecimiento de la actividad económica aceleró el despilfarro de recursos. Por ejemplo, casi la mitad del consumo de combustibles fósiles de la humanidad ha ocurrido después de 1989, tras el final de la Guerra Fría.[16] El aumento resultante de las emisiones de CO_2 se puede apreciar fácilmente en la figura 2.

Fue justo en esta época cuando se publicó el trabajo antes referido de Nordhaus, con sus previsiones optimistas en relación con el porcentaje de reducción de CO_2. Así se despreciaron unos treinta años para la lucha contra el cambio climático, hecho que ha empeorado notablemente la situación.

Por eso, el monumental enfado de Greta y la contundencia de su crítica van dirigidos, sobre todo, a la irresponsabilidad de los adultos que han despilfarrado una oportunidad clave por intereses cortoplacistas. La actitud de los políticos y dirigentes que, estando como están las cosas, pretenden seguir dando prioridad al crecimiento económico no hace sino alimentar la llama de su indignación. «No hacéis caso a la ciencia porque solo os interesan las soluciones que os permitan seguir viviendo como hasta ahora. Esas soluciones ya no existen. Debisteis haber actuado mucho antes, cuando aún había margen de maniobra».[17]

Figura 2. Emisiones de CO$_2$ por regiones

(cien millones de toneladas)

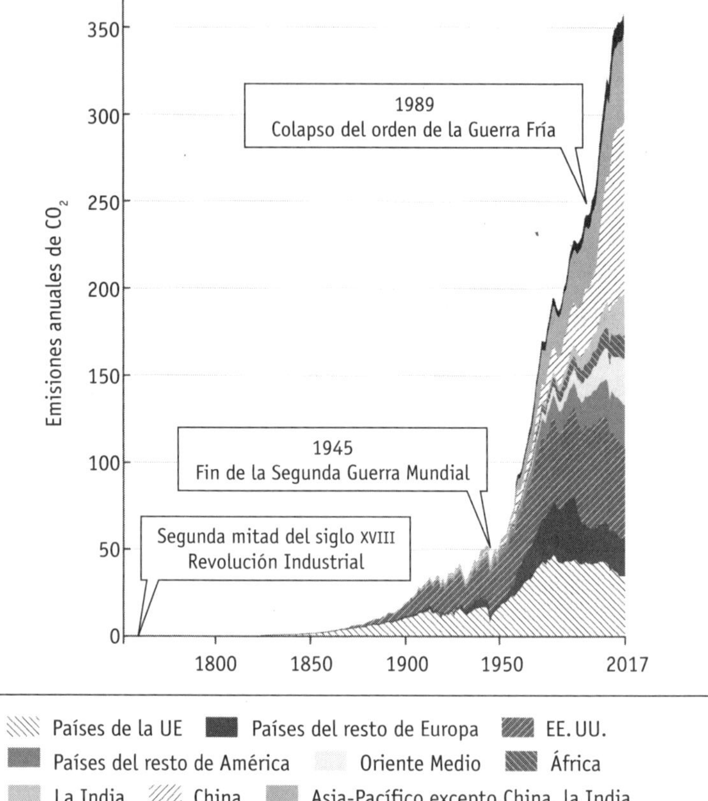

Gráfico elaborado con los datos de Carbon Dioxide Information Analysis Center (CDIAC) y Global Carbon Project.

A estas alturas, no existen soluciones dentro del sistema actual. Por eso, Greta concluyó su discurso de la COP24 diciendo: «Hay que cambiar el sistema mismo»; recibió el ferviente apoyo de los jóvenes de todo el mundo.

Si queremos responder al reclamo de los niños, los adultos debemos, en primer lugar, conocer la esencia del sistema actual y preparar uno nuevo. Huelga decir que el sistema sin solución al que Greta se refiere es el capitalismo.

La profecía de Marx sobre la crisis climática

Repasando la historia del capitalismo es fácil darse cuenta de la escasa probabilidad de que los Estados o las grandes compañías vayan a proponer y ejecutar medidas radicales y a gran escala contra el cambio climático. En vez de soluciones, lo que ha seguido ofreciendo el capitalismo es más saqueo de la periferia, más externalización y más transferencia de cargas. Lo único que ha hecho el capitalismo es desplazar sus contradicciones a lugares remotos y aplazar la solución a los problemas.

El caso es que, ya a mediados del siglo XIX, Karl Marx había analizado la creación de externalidades por la transferencia y sus problemas derivados.

Marx recalcaba que el capitalismo transfiere sus contradicciones a otros lugares y las invisibiliza; pero que esta transferencia ahondaría necesariamente la contradicción del sistema hasta llegar a hacerlo insostenible.

Los intentos de transferencia de cargas finalmente fracasarían. Y eso, a juicio de Marx, sería un límite insalvable para el capitalismo.

Con el fin de identificar los límites del capitalismo, voy a clasificar y analizar las transferencias en tres tipos: tecnológica, espacial y temporal, refiriéndome en paralelo a las ideas de Marx.

Transferencia tecnológica: el hostigamiento de los ecosistemas

El primer tipo de transferencia es el recurso al desarrollo tecnológico para intentar superar la emergencia climática.

El problema que trató Marx fue el del agotamiento del suelo por la agricultura. Para ello, se basó en la crítica a la «agricultura del saqueo», de Justus Freiherr von Liebig.

Según Liebig, los nutrientes del suelo, especialmente las sustancias inorgánicas como el fósforo o el potasio, se convierten, por efecto de la meteorización, en formas aprovechables por las plantas. Sin embargo, dado que la meteorización es un proceso muy lento, la cantidad de nutrientes presentes en el suelo que pueden aprovechar las plantas es limitada. Además, para mantener la fertilidad del suelo es imprescindible restituir correctamente la materia inorgánica que han absorbido las plantas.

Liebig lo llamó «ley de restitución». Es decir, para una agricultura sostenible, es indispensable un ciclo consistente de nutrientes.

A pesar de ello, con el desarrollo del capitalismo y la división del trabajo entre la ciudad y el campo, lo cosechado en el campo comienza a ser comercializado en las ciudades para el consumo de los trabajadores urbanos. Cuando esto ocurre, los nutrientes absorbidos por los productos agrícolas que se consumen en las ciudades no se restituyen en el suelo del que proceden y, tras ser consumidos y digeridos, se pierden en los ríos en forma de aguas residuales.

Los problemas también están presentes en la gestión de la agricultura capitalista. Los empresarios agrícolas, guiados únicamente por una visión cortoplacista, prefieren el cultivo continuo, con el que se obtienen mayores beneficios, al barbecho, que facilita la recuperación de la fertilidad del suelo. También dedican lo mínimo a instalaciones de riego para mantener hidratado el suelo. En el capitalismo siempre manda la ganancia a corto plazo. De esta forma, se produce una «fractura» en el ciclo de nutrientes y el suelo se agota porque estos no se restituyen.

Liebig criticó la gestión agrícola irracional, que sacrifica la sostenibilidad en el altar de los beneficios inmediatos, tachándola de «agricultura del saqueo», e hizo saltar las alarmas ante lo que consideró una situación crítica que podría derivar en el colapso de la civilización europea.[18]

Sin embargo, lo cierto es que la civilización no se ha tenido que enfrentar a ninguna crisis por agotamiento del suelo, como temía Liebig. ¿Por qué? Por el desarrollo, a comienzos del siglo XX, del proceso de Haber-Bosch, un método de fabricación industrial de amoníaco que permitió la obtención barata y en masa de fertilizantes químicos.

No obstante, esta invención no significó la reparación de la fractura del ciclo de nutrientes. Solo implicó su transferencia. Esta es la clave.

En la fabricación de amoníaco (NH_3) mediante el proceso de Haber-Bosch se utiliza no solo nitrógeno atmosférico (N_2), sino también hidrógeno (H) procedente de combustibles fósiles (principalmente, del gas natural). Por supuesto, para satisfacer la demanda de los campos de cultivo de todo el mundo se requieren cantidades ingentes de combustibles fósiles.

En efecto, el volumen de gas natural utilizado en la obtención de amoníaco representa entre el 3 y el 5 % de la producción total.[19] Es decir, la agricultura actual está despilfarrando otro recurso finito en vez de los nutrientes naturales del suelo. Naturalmente, en el proceso de fabricación se emiten grandes cantidades de CO_2. Esta es la esencia de la contradicción de la transferencia tecnológica.

Por si fuera poco, el desarrollo de la agricultura basado en el uso de grandes cantidades de abonos químicos inunda el medio ambiente con compuestos de nitrógeno y origina problemas como la contaminación por nitratos de las aguas subterráneas y las mareas rojas por la eutrofización. El agua potable y la pesca también se ven afectadas. De esta forma, la transferencia debida al uso de nuevas tecnologías termina convirtiendo un problema, en principio delimitado al agotamiento del suelo, en otro problema ecológico a gran escala.

Pero hay más. El acoso al ecosistema del suelo con el uso indiscriminado de fertilizantes reduce la capacidad de retención de agua del suelo y facilita el contagio y la transmisión de enfermedades infecciosas, tanto entre los animales como entre las plantas. A pesar de ello, los mercados demandan verduras sin mordeduras de insectos, de tamaños uniformes y baratas. Por eso, la agricultura actual no puede funcionar sin recurrir a cada vez mayores cantidades y variedades de fertilizantes químicos, abonos y antibióticos. Por descontado, todos estos productos químicos se acaban liberando en el medio ambiente y terminan alterando el ecosistema.

Sin embargo, las compañías que han originado los daños se niegan a indemnizarlos escudándose en la falta de pruebas que acrediten la relación causa-efecto entre sus actividades y los problemas ambientales. Lo cierto es que, aunque se demostrase que son los culpables de los perjuicios ocasionados y asumieran hacerse cargo de indemnizaciones, en muchos casos los daños ecológicos son irreparables.

La transferencia tecnológica no soluciona los problemas. Más bien, el abuso de la tecnología agudiza las contradicciones.

Transferencia espacial: la externalización y el imperialismo ecológico

El segundo tipo de transferencia es la transferencia espacial. Marx también la analizó a través de su relación con el agotamiento del suelo.

En los tiempos de Marx, aún no se había desarrollado el proceso de Haber-Bosch y el guano era el fertilizante alternativo más apreciado. El guano es el producto fosilizado de la sedimentación de los excrementos de las aves marinas. Estas abundan en las costas peruanas. Muchas islas de aquellas costas están literalmente cubiertas de guano.

Dado que el guano es el excremento seco de las aves, contiene gran cantidad de materia inorgánica necesaria para el crecimiento de las plantas y es de fácil manipulación. De hecho, cuentan que los nativos de aquellas tierras utilizaban tradicionalmente el guano como fertilizante. Uno de los europeos que supo de las bondades del guano, en una expedición por Sudamérica a comienzos del siglo XIX, fue Alexander von Humboldt.

Después, el guano alcanzó gran fama como el salvador del agotamiento del suelo y se comenzó a exportar en grandes cantidades de Sudamérica a Europa y Estados Unidos. Gracias al guano se logró mantener la fertilidad del suelo de Gran Bretaña o Estados Unidos y se pudieron seguir suministrando los alimentos que demandaban los trabajadores en las ciudades.

Sin embargo, en este caso tampoco se reparó la fractura. Un gran número de trabajadores fue movilizado para saquear unilateralmente el guano. El resultado fue la represión brutal de los indígenas, la explotación de más de noventa mil culíes chinos, el agotamiento del guano a velocidad de vértigo, así como una reducción pavorosa de la población de aves marinas.[20] También estallaron conflictos bélicos por este recurso natural, que comenzaba a escasear a marchas forzadas, como la Guerra hispano-sudamericana (1864-1866) o la Guerra del salitre (1879-1884).

Como se colige de estos ejemplos, los intentos de transferencia, que pretenden resolver las contradicciones del sistema buscando únicamente soluciones que favorezcan al núcleo, adoptan la forma del imperialismo ecológico (*ecological imperialism*). El imperialismo ecológico depende del saqueo de la periferia y de la transferencia a esta de las contradicciones del núcleo. Al tiempo que supone un enorme impacto negativo en las vidas de los indígenas y los ecosistemas, este proceder no hace sino acentuar las contradicciones del sistema.[21]

Transferencia temporal: «¡Después de mí, el diluvio!»

El tercer tipo de transferencia es la transferencia temporal. Aunque el asunto que trata Marx, en este caso, es la tala excesiva de los bosques, en la actualidad es en el cambio climático donde más claramente se manifiesta la transferencia temporal.

Es indiscutible que el consumo a gran escala de combustibles fósiles es el causante del cambio climático. Dicho esto, no todos sus efectos se presentan inmediatamente. En no pocos casos, tardan varias décadas en hacerse patentes. El capital aprovecha este desfase para maximizar la rentabilidad de la maquinaria minera o de los oleoductos y gasoductos injertados en el medio ambiente.

De esta forma, aunque el capitalismo tiene en cuenta las opiniones de los accionistas y gestores del presente, ignora sistemáticamente la voz de las generaciones venideras transfiriendo al futuro las cargas y creando externalidades. El presente prospera gracias al sacrificio del futuro.

Sin embargo, como contrapartida, las generaciones futuras sufrirán las consecuencias de los efectos de las emisiones desbocadas de CO_2 que ellas nunca emitieron. Marx ironizó sobre esta actitud de los capitalistas como alguien que dijera «¡Después de mí, el diluvio!».

Pero la transferencia temporal no es necesariamente negativa. Habrá quienes piensen que para desarrollar las tecnologías con las que afrontar los problemas, ganar algo de tiempo es fundamental. Lo cierto es que existen científicos, como Nordhaus, citado al comienzo de este capítulo, que consideran más acertado priorizar el crecimiento económico y buscar el desarrollo de nuevas tecnologías que pasarse de frenada con la reducción de las emisiones de CO_2 y perjudicar la economía.

Sin embargo, aunque se llegasen a desarrollar esas tecnologías, se requerirá mucho tiempo hasta su difusión efectiva en la sociedad. Esto significaría perder un tiempo importantísimo. Mientras tanto, se podría llegar a potenciar la retroalimentación positiva que acelere y empeore aún más la crisis ambiental. En tal caso, podrían surgir nuevos problemas que las tecnologías desarrolladas sean incapaces de solucionar. La esperanza en que las tecnologías lo resuelvan todo se traicionaría.

Si el efecto de la retroalimentación fuera significativo, por supuesto, la actividad económica también sería golpeada en la misma medida. Si el ritmo de desarrollo de las nuevas tecnologías fuese más lento que el de la degradación del medio ambiente, la humanidad quedaría inerme, y las generaciones futuras, abandonadas a su suerte. Por supuesto, la actividad económica resultará perjudicada. Es decir, las generaciones futuras no solo quedarán a merced de unas condiciones ambientales extremadamente duras de sobrellevar, sino que incluso económicamente se verían en apuros.

Peor no podrían pintar las cosas. Esta es la razón por la que no se puede confiar ciegamente en la tecnología para detener el cambio climático, a modo de tratamiento sintomático, y es necesario buscar otras soluciones que aborden el problema de raíz.

La doble imposición de la carga a la periferia

He expuesto los tres tipos de transferencia partiendo de las ideas de Marx. El capital seguirá recurriendo a todo tipo de tretas para seguir transfiriendo a la periferia las consecuencias negativas de su proceder.

Como resultado, la periferia se enfrentará a una doble carga. Es decir, después de sufrir el saqueo del imperialismo ecológico, deberá soportar la imposición injusta de los efectos destructivos de la transferencia.

Por ejemplo, en Chile se cultiva aguacate para la exportación con el fin de satisfacer la demanda de una «alimentación saludable» de los occidentales, o sea, del modo de vida imperial. Para el cultivo del aguacate, conocido también como la «mantequilla del bosque», se requiere una gran cantidad de agua. Y dada su alta demanda de nutrientes del suelo, una vez que se produce aguacate en un terreno, resulta difícil volver a aprovecharlo para el cultivo de otras frutas. Chile ha ido sacrificando el agua y la producción de alimentos para consumo propio.

La sequía que ha azotado Chile está causando un serio problema de falta de agua. Al parecer, esta sequía está influida por el cambio climático. Como se ha visto antes, el cambio climático es la consecuencia de la transferencia. La pandemia de la COVID-19 no ha hecho sino empeorar las cosas. Sin embargo, la cada vez más escasa agua por la sequía no se utiliza para el lavado de manos como medida profiláctica contra el coronavirus, sino para el cultivo del aguacate para exportación. Esto se debe a que la gestión del agua está privatizada.[22]

De esta forma, es la periferia la que primero queda expuesta a los daños derivados del cambio climático y la pandemia causados por el estilo de vida consumista de los occidentales.

La Tierra desaparecerá antes que el capitalismo

En el mundo, los riesgos y las oportunidades se reparten de forma desigual. Para que el núcleo siga ganando, la periferia debe seguir perdiendo.

Por supuesto, el núcleo tampoco puede sortear por entero las consecuencias del deterioro de las condiciones medioambientales. Pero gracias a la transferencia, el capitalismo se salva de quedar fatalmente herido como para temer su colapso, cosa que, por otro lado, sucede a costa de que cuando a los habitantes de los países desarrollados les resulten ineludibles los grandes problemas, una parte no despreciable del planeta sea ecológicamente irrecuperable. Antes del derrumbe del capitalismo, la Tierra habrá dejado de ser un lugar habitable para el ser humano.

Por eso, Bill McKibben, uno de los activistas medioambientales más destacados de Estados Unidos, afirma: «El agotamiento de los combustibles fósiles aprovechables no es el único límite al que nos enfrentamos. En realidad, este ni siquiera es uno de los problemas más importantes. Porque antes de que nos quedemos sin petróleo, nos quedaremos sin planeta».[23]

Se podría sustituir «petróleo» por «capitalismo» en la última frase. Por supuesto, el fin de la Tierra es el fin de la humanidad, *game over*. No existe un plan B para el planeta Tierra.

La crisis visibilizada

Desde una perspectiva a corto plazo, el capitalismo podría parecer aún en forma e incluso con buenas perspectivas de futuro. Sin embargo, como consecuencia del rapidísimo crecimiento económico de países tradicionalmente receptores de las externalidades, como China o Brasil, el margen de externalización y transferencia se está reduciendo con rapidez.

Es lógicamente imposible que todos los países externalicen sus contradicciones al mismo tiempo. Sin embargo, para la sociedad de la externalización, la falta de exterior es mortal de necesidad.

En efecto, ahora que se ha esfumado la frontera de la fuerza de trabajo barata, los márgenes de beneficio se han reducido y la explotación de los trabajadores en los países desarrollados se está intensificando. Al mismo tiempo, la transferencia de las cargas medioambientales al Sur global y la externalización están llegando a sus límites, y sus contradicciones se están empezando a manifestar en los países del primer mundo. El deterioro de las condiciones laborales es un hecho también patente en el día a día de quienes, como nosotros, vivimos en países desarrollados. De igual modo, es solo cuestión de tiempo que comencemos a padecer las dolorosas consecuencias de la destrucción del medio ambiente, como el cambio climático. Esto ya no es un problema ajeno.

Redundando en la afirmación de Wallerstein, diríamos que la cuestión clave en este punto es que solo existe un planeta Tierra y que todo está conectado. Cuando la externalización y la transferencia se compliquen, al final, nos tocará a nosotros pagar la cuenta. La basura de plásticos que hasta ahora parecía desaparecer en el mar está volviendo a nosotros en forma de microplásticos mezclados en el pescado, el marisco y el agua. De hecho, se dice que estamos ingiriendo, cada semana, una cantidad de plástico equivalente a una tarjeta de crédito. Asimismo, el CO_2 también altera el clima y sus efectos se están empezando a manifestar en Japón, año tras año, en forma de olas de calor o supertifones.

En Europa, por su parte, los refugiados sirios se han convertido en un grave problema social que está dando alas al crecimiento de la derecha populista que amenaza la democracia. Se cree, también, que una de las causas de la guerra civil siria es el cambio climático: las malas cosechas que se sucedieron en toda Siria, como consecuencia de la larga sequía, han condenado a sus gentes a la miseria, lo que habría incrementado la probabilidad del estallido de conflictos sociales.[24]

Lo mismo ocurre en Estados Unidos. El agigantamiento de los huracanes es un fenómeno bien conocido, pero no es ni mucho menos el único. Por ejemplo, las caravanas de refugiados procedentes de Honduras que se agolpan en la frontera de Estados Unidos. Estos refugiados no solo estarían buscando dejar atrás la violencia o la inestabilidad política, sino que estarían acusando la dificultad de subsistir como agricultores debida a los efectos del cambio climático y la miseria a la que se están viendo abocados.[25] A pesar de ello, frente a la marea de refugiados ambientales, el presidente Trump se mostró inmisericorde, los retuvo en condiciones penosas y los negó terminantemente la entrada al país. Incluso está levantando un muro en la frontera con México. La Unión Europea también está endosando a Turquía los refugiados que llegan en masa a Europa. Pero no se podrá seguir haciendo lo mismo eternamente. El cambio climático y los migrantes ambientales están haciendo zozobrar el orden mundial mediante la visibilización de las contradicciones del modo de vida imperial, en forma de materiales y cuerpos humanos, invisibles hasta ahora en los países desarrollados.

La era de la gran bifurcación

De esta forma, a causa de la extinción del exterior, apartar la mirada de la crisis resulta cada vez más difícil. Ya no cabe quedarse de brazos cruzados exclamando campanudamente «¡Después de mí, el diluvio!». El diluvio es una amenaza inminente.

El cambio climático nos está forzando a revisar de raíz el modo de vida imperial que depende del extractivismo y la externalización.

Sin embargo, cuando quede definitivamente claro que la transferencia es imposible y la percepción de crisis e inseguridad se instale en la mente de las personas, los movimientos excluyentes ganarán fuerza. El populismo de derechas tratará de aprovechar a su favor la crisis climática y espoleará el sentimiento nacionalista excluyente. A fuerza de fomentar la división en la sociedad, se agravará la crisis de la democracia. Si, como resultado, líderes autoritarios alcanzasen el poder, no sería descabellada la instauración de sistemas que podrían ser catalogados de «fascismo climático». Volveré sobre este peligro en el capítulo 3.

Pero esta crisis también podría constituir una oportunidad. El cambio climático obligará a los habitantes de los países desarrollados a afrontar las consecuencias de sus actos, porque la desaparición de las externalidades los convertirá en víctimas. Como consecuencia de ello, las demandas y acciones orientadas a una profunda revisión del estilo de vida dominante y la búsqueda de una sociedad más justa podrían comenzar a recibir un amplio apoyo.

Citando a Wallerstein, esta sería, exactamente, la «bifurcación» a la que nos aboca la crisis del sistema capitalista. El agotamiento del exterior nos conducirá sin remedio a una bifurcación en el curso de la historia en la que el sistema actual se revele disfuncional.

Poco antes de fallecer, Wallerstein también dijo: «Aceptar la externalización como "algo normal" es ya una perspectiva del pasado lejano, totalmente obsoleta».[26]

Cuando no se pueda externalizar, se dejará de poder acumular capital como hasta ahora. La crisis ambiental se recrudecerá. Como consecuencia de ello, la legitimidad del sistema capitalista flaqueará ostensiblemente y crecerán los movimientos de protesta contra el orden reinante.

De ahí que Wallerstein dijera que la extinción actual del exterior es un punto divergente de la historia. La caída del sistema capitalista, ¿traerá caos, confusión y desorden o será reemplazado por otro sistema social estable? Se acerca la «bifurcación» del fin del capitalismo.[27]

La famosa frase de Rosa Luxemburgo, «socialismo o barbarie», cobra así plena actualidad en esta gran bifurcación del siglo XXI. Pero ¿qué hacer para evitar la «barbarie»? Lo que es seguro es que ni parches ni mejoras graduales servirán; los cambios deberán ser radicales o no serán por falta de tiempo.

Entonces ¿qué medidas audaces se pueden adoptar? En el próximo capítulo, analizaré el Green New Deal, la gran esperanza de Occidente.

Capítulo 2

El límite del keynesianismo medioambiental

¿Una esperanza llamada Green New Deal?

En el capítulo 1 hemos visto cómo el capitalismo es un sistema que explota al ser humano y saquea la naturaleza, y que su crecimiento económico se basa en la transferencia de las cargas al exterior. Mientras el mecanismo de externalización de las cargas funcionaba bien, los habitantes de los países desarrollados como nosotros no padecíamos la crisis ambiental y podíamos disfrutar de una vida confortable. Por eso, tampoco hemos pensado seriamente sobre los «costes reales» de nuestra vida llena de riquezas.

Sin embargo, este sistema capitalista es la causa del agravamiento de la crisis climática. La adopción de medidas contra ella se ha retrasado por nuestra falta de conciencia acerca del funcionamiento y la situación real del mundo. A pesar de que vagamente nos dábamos cuenta de ello, nos hemos dejado llevar por la invisibilización de las cargas, instalados cómodamente en el núcleo.

Pero los costes reales se están volviendo imposibles de ignorar. Con el punto de no retorno a la vuelta de la esquina, en los países avanzados también se está empezando a debatir la posibilidad de aplicación de medidas audaces, nunca antes vistas.

Una de las propuestas que más expectación despierta es el Green New Deal. Un plan cuya necesidad, por ejemplo en Estados Unidos, avalan y defienden expertos influyentes como Thomas Friedman o Jeremy Rifkin. Aun con diferencias importantes en los detalles de su apoyo, políticos mundialmente famosos, como Bernie Sanders, Jeremy Corbyn o Yanis Varoufakis, también enarbolaron la bandera del Green New Deal como parte de su compromiso electoral.

El Green New Deal es un conjunto de propuestas políticas que comprende estímulos fiscales e inversiones públicas a gran escala para promover el uso de energías renovables o impulsar el uso de coches eléctricos. De esta forma, se pretende generar empleos estables bien remunerados, potenciar la demanda efectiva y estimular la actividad económica. Se espera que la buena marcha de la economía atraiga nuevas inversiones y que este ciclo acelere la transición hacia una economía verde sostenible.

Se barrunta la esperanza en un renacido New Deal, que en su día salvó al capitalismo de la Gran Depresión del siglo XX. El neoliberalismo es inútil para afrontar la crisis. Los recortes y los estados pequeños no sirven. Se necesita un nuevo keynesianismo: el keynesianismo medioambiental.

Pero ¿no suena todo esto demasiado bien? ¿Es el Green New Deal el salvador del Antropoceno? En este capítulo analizaré los problemas del Green New Deal.

Una oportunidad de negocio llamada «crecimiento económico verde»

Entre los defensores del Green New Deal, el periodista económico Thomas Friedman es de los que más confianza parecen albergar en lo que atañe al crecimiento económico de la propuesta. Esta «Revolución verde», según Friedman, «se debería enfocar como una oportunidad de negocio y una ocasión clave para la regeneración de Estados Unidos».[1]

Friedman lleva años diciendo que la globalización y el desarrollo de las tecnologías de la información, tras la caída de la URSS, ha «aplanado» el mundo y ha ido conectando a la gente. La adición de la Revolución verde a esta dinámica, de nuevo según Friedman, haría de este mundo plano y conectado un lugar verdaderamente sostenible.

Sus palabras evidencian una esperanza en que el keynesianismo medioambiental nos proporcione un mayor crecimiento económico aprovechando el cambio climático. Dicho de otro modo, el crecimiento económico verde, basado en el keynesianismo medioambiental, es el último baluarte del normal funcionamiento del capitalismo.

Los ODS: ¿es posible el crecimiento infinito?

La seña de identidad de este último baluarte son los ODS. Organismos internacionales como la ONU, el Banco Mundial, el FMI (Fondo Monetario Internacional), la OCDE (Organización para la Cooperación y el Desarrollo Económico) aplauden los ODS y persiguen con entusiasmo el crecimiento económico verde.

Por ejemplo, la Comisión Global sobre Economía y Clima, formada por siete países, entre otros por el Reino Unido o Corea del Sur, publica el New Climate Economy Report. En él se valoran muy positivamente los ODS y se dice que «el crecimiento sostenible se potenciará a través de la interacción entre la rápida innovación tecnológica, la inversión en infraestructuras sostenibles y el incremento de la productividad de los recursos». Y concluye, embelesado, que estamos «entrando en una nueva era de crecimiento económico».[2] No cabe duda de que en los organismos internacionales, que reúnen a la flor y nata de la élite mundial, las medidas contra el cambio climático se consideran una oportunidad para un nuevo crecimiento económico.

En efecto, es seguro que el keynesianismo medioambiental, cuyas alabanzas cantan Friedman o Rifkin, traerá crecimiento económico. Este plan constituirá un punto de inflexión en la economía con la promoción de paneles solares, coches eléctricos, cargadores rápidos, energía biomásica y un largo etcétera, que implicará necesariamente grandes inversiones y creación de muchos puestos de trabajo. Es sin duda cierta la afirmación según la cual en una era como la actual, de emergencia climática, se necesitan inversiones a gran escala, capaces de reemplazar enteramente las infraestructuras sociales existentes.

Pero, aun así, quedan problemas e interrogantes. ¿Serán estos cambios compatibles con los límites de la Tierra? Solo porque se llamen «verde», si lo que buscan, en el fondo, es un crecimiento voraz y permanente, ¿no se sobrepasarán los límites del planeta?

Límites planetarios (*Planetary boundaries*)

Si así fuera, sería necesario trazar las líneas rojas que marquen los límites más allá de los cuales la carga ambiental adicional, derivada del gran cambio de rumbo a una economía sostenible, fuera insoportable e irremediable para la naturaleza. Esta fue la reflexión que hizo el científico ambiental Johan Rockström. Su equipo de investigación propuso en 2009 el concepto de «límites planetarios (*planetary boundaries*)».

Voy a explicar brevemente este concepto.

El sistema Tierra está equipado con una resiliencia, o capacidad de recuperación, natural. Sin embargo, si se lo somete a una carga superior a ciertos límites, dicha resiliencia se pierde y se producen fenómenos extremos —rápidos y violentos— e irreversibles, como el derretimiento de los casquetes polares o la extinción en masa de animales salvajes, con consecuencias devastadoras. Estos fenómenos son los «puntos de inflexión» (*tipping points*). Por supuesto, rebasarlos es extremadamente peligroso también para el ser humano.

Rockström y su equipo efectuaron mediciones en nueve procesos fundamentales para la estabilidad del sistema Tierra y precisaron los umbrales que no se deberían superar para una existencia estable de la humanidad (los nueve límites son: cambio climático, pérdida de la biodiversidad, ciclos de nitrógeno y fósforo, cambios en el uso del suelo, acidificación del océano, aumento del consumo de agua dulce, destrucción de la capa de ozono, concentración de aerosoles atmosféricos y contaminación química).

Estos umbrales constituyen los límites planetarios. El objetivo de Rockström era delimitar los márgenes de actuación seguros para la humanidad en relación con ellos.

Como era de esperar, el concepto de límites planetarios causó un gran impacto también en los ODS. Se convirtieron en los valores de referencia para la innovación tecnológica y la mejora del rendimiento y la eficiencia.

¿Es posible compaginar el crecimiento económico con la reducción de las emisiones de CO_2?

Sin embargo, según las mediciones del equipo de Rockström, cuatro de los límites citados, como el cambio climático o la biodiversidad, se han rebasado ya a causa de la actividad económica.[3]

Esto resume perfectamente la situación del Antropoceno. El empeño del hombre por dominar la naturaleza ha causado tales cambios en el medio ambiente que se están volviendo irreversibles. Estamos aproximándonos peligrosamente a una situación crítica que se nos podría ir completamente de las manos. Siendo así, ¿es realmente lícito seguir persiguiendo un crecimiento económico verde sobre la base del keynesianismo medioambiental?

En este punto, me gustaría llamar la atención sobre un artículo que Rockström publicó en 2019. Sus reflexiones, diez años después de proponer el concepto de los límites planetarios, llevaban un título impactante: «Una evasión de la realidad llamada "crecimiento económico verde"».[4]

Hasta ese momento, Rockström había asumido, al igual que muchos otros investigadores, que con un crecimiento económico verde que tuviera en cuenta los límites planetarios se podía alcanzar el objetivo de una subida de las temperaturas inferior a 1,5 °C.

Sin embargo, al final abandonó esa posición e hizo auto-crítica. Es decir, terminó reconociendo públicamente que solo cabía una opción: crecimiento económico o contención de las temperaturas en menos de 1,5 °C. Recurriendo a un término algo más técnico, diríamos que Rockström llegó a la conclusión de que el «desacoplamiento» del crecimiento económico y la carga medioambiental es, en realidad, extremadamente difícil.

¿Qué es el desacoplamiento?

El término «desacoplamiento» significa «separación» o «disociación». Quizá sea una palabra poco usada en la vida diaria, pero es un concepto popular en los ámbitos económicos y medioambientales.

Voy a explicarlo centrándolo en este debate. Normalmente, el crecimiento económico aumenta la carga ambiental. El desacoplamiento consiste en disociar, con nuevas tecnologías, los componentes de un proceso, que hasta ese momento han funcionado de forma sincrónica, como un engranaje. Es decir, se trata de indagar en los métodos que hagan crecer la economía sin carga medioambiental. Para el caso concreto del cambio climático, el objetivo sería mantener el crecimiento económico y, al mismo tiempo, reducir las emisiones de CO_2 recurriendo a las nuevas tecnologías.

Por ejemplo, en el proceso de crecimiento de los países en vías de desarrollo, la instalación de infraestructuras, como centrales y redes de distribución eléctrica, el fomento de los grandes consumos, como la adquisición de la vivienda o el coche, funcionan como motores del crecimiento económico. Pero, al mismo tiempo, son importantes fuentes de emisiones de CO_2. Si, con la ayuda de los países desarrollados, se pudieran introducir en ellos nuevas tecnologías de alto rendimiento y eficiencia, el aumento de las emisiones de CO_2 trazaría una curva creciente mucho más suave en comparación con el caso en el que la instalación de las infraestructuras y los consumos referidos se promoviera con tecnologías obsoletas.

La reducción en términos relativos de las tasas de incremento de las emisiones de CO_2 en relación con el crecimiento económico se conoce como «desacoplamiento relativo».

La necesidad de reducir el CO_2 en términos absolutos

Sin embargo, el desacoplamiento relativo es insuficiente como medida contra el cambio climático. Esto es porque si no se reducen las emisiones de CO_2 en términos absolutos, no se podrá frenar el calentamiento global. Compatibilizar el crecimiento económico con la reducción de las emisiones de CO_2 en términos absolutos es el objetivo del desacoplamiento absoluto.

En la figura 3 se representa la evolución del PIB real y las emisiones de CO_2 partiendo de un hipotético valor inicial de 100. Lo primero que salta a la vista es que el desacoplamiento absoluto implica una reducción mucho más drástica de las emisiones de CO_2 que el desacoplamiento relativo.

Un ejemplo de desacoplamiento absoluto sería la generalización del uso de coches eléctricos, que no emiten CO_2. Reduciendo el número de coches con motores de gasolina, se reducirían las emisiones de CO_2, pero la venta de coches eléctricos sostendría el crecimiento económico.

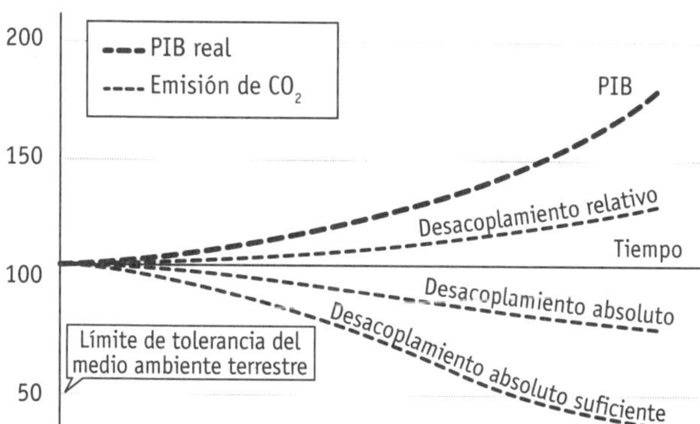

Figura 3. El desacoplamiento del PIB real y las emisiones de CO_2

Gráfico elaborado a partir de Economía rosquilla: 7 maneras de pensar la economía del siglo XXI, *de Kate Raworth (trad. Atsushi Kurowa, Kawade Shobo Shinsha, 2018).*

Otro ejemplo serían las reuniones online, que acabarían con los desplazamientos en avión para acudir a reuniones de trabajo presenciales y contribuirían al desacoplamiento absoluto. La transición de las centrales eléctricas de carbón a las fotovoltaicas sería otro ejemplo. Crecer mientras se reducen las emisiones. Es decir, romper la díada crecimiento económico → aumento de las emisiones e independizar el uno del otro. Se entiende, en definitiva, que si se insistiera y perseverase en la adopción de este tipo de medidas, sería posible compatibilizar el crecimiento económico con la reducción de las emisiones de CO_2 en términos absolutos.

De esta forma, el Green New Deal, que proponen Freedman y otros, trataría de lograr las cero emisiones netas de CO_2 con el fin de contener la subida de las temperaturas en menos de 1,5 °C, sin perjudicar por ello el crecimiento del PIB. No cabe duda de que requerirá una innovación tecnológica extraordinaria. Se trata de un proyecto colosal —poco menos que el proyecto del siglo— para lograr el desacoplamiento absoluto.

La trampa del crecimiento económico

Teniendo en cuenta las posibilidades que ofrecerá la innovación tecnológica futura, las energías renovables o las tecnologías de la información evolucionarán a considerable velocidad. Por eso, no son pocos los economistas ambientales optimistas que consideran que «el desacoplamiento absoluto será relativamente fácil».[5]

Sin embargo, antes de lanzar las campanas al vuelo, cabría preguntarse si el desacoplamiento absoluto es realmente factible.

La respuesta a esta pregunta será muy diferente según el plazo temporal que se establezca para alcanzar el objetivo de una sociedad libre de emisiones de carbono. Por ejemplo, parece bastante probable que se puedan lograr las cero emisiones netas dentro de 100 años.

Pero eso es demasiado tarde. Me gustaría que recordaras la advertencia de los científicos. En 2030 tendremos que haber reducido a la mitad las emisiones de CO_2 y haberlas eliminado por completo antes de 2050. Es decir, la clave está en si es posible un desacoplamiento absoluto suficiente como para detener el cambio climático en los próximos 10 a 20 años.

Sin embargo, incluso Rockström está reconociendo que el crecimiento económico verde mediante el desacoplamiento es «una evasión de la realidad». Este científico sostiene que es imposible lograr un desacoplamiento absoluto suficiente que contenga la subida de las temperaturas en menos de 1,5 °C.

¿Por qué? Porque el desacoplamiento lleva aparejado un dilema; un dilema sencillo, pero de difícil solución: cuanto más prospere la economía, mayor será la dimensión de la actividad económica; esto implica necesariamente un mayor consumo de los recursos y, como consecuencia, un aumento de la dificultad de reducción de las emisiones de CO_2.

Es decir, el éxito del crecimiento económico verde acarrea mayores emisiones de CO_2. Por lo tanto, se requeriría una mejora del rendimiento aún más exigente. Es la «trampa del crecimiento económico». ¿Es posible solventar este dilema?

La conclusión es que, lamentablemente, es poco probable. Para mantener un crecimiento del PIB del 2-3 % y alcanzar el objetivo de los 1,5 °C como tope, sería necesario reducir las emisiones de CO_2 a un ritmo de, aproximadamente, el 10 % anual. Es evidente que dejando el asunto en manos de los mercados, no existe la más remota esperanza de que las emisiones se reduzcan a un ritmo frenético del 10 % al año.

La trampa de la productividad

Tras analizar sinceramente la trampa del crecimiento económico, la conclusión a la que llegó Rockström es que hay que renunciar al crecimiento económico. La razón es sencilla. Si se renunciara al crecimiento económico y se redujera la dimensión de la economía, alcanzar el objetivo de reducción de emisiones de CO_2 resultaría, en proporción, más fácil.

Cabría entender esta afirmación como una resolución firme para detener la destrucción del planeta por el cambio climático y mantener vivos los requisitos para el progreso de la humanidad. Sin embargo, es una decisión inaceptable en el contexto del capitalismo, debida a otra trampa inherente al sistema: la «trampa de la productividad».[6]

El capitalismo siempre está buscando aumentar la productividad para reducir los costes. Si la productividad aumenta, se puede producir lo mismo con menos mano de obra. En tal caso, si el tamaño de la economía siguiese siendo el mismo, aumentaría el número de desempleados. Sin embargo, en el capitalismo los desempleados no pueden vivir y los políticos temen las altas tasas de paro. Por eso, en el capitalismo existe una presión insidiosa y permanente para que el tamaño de la economía siga creciendo sin parar. De esta forma, la mejora de la productividad obliga a incrementar la dimensión de la economía. Es la trampa de la productividad.

El capitalismo está atrapado en la trampa de la productividad y no puede renunciar al crecimiento económico. Como consecuencia, aunque se quieran adoptar medidas contra el cambio climático, se cae en la trampa del crecimiento económico, que intensifica el consumo de recursos.

Por eso, los científicos también se están empezando a dar cuenta del límite del capitalismo.

La fantasía del desacoplamiento

Dicho esto, estoy seguro de que la conclusión de Rockström —abandonar el crecimiento— te parecerá todavía una afirmación demasiado radical. Es posible que el keynesianismo medioambiental te suene más razonable y que aún estés firmemente convencido de que no se debe renunciar al crecimiento económico. Quizá, además, pienses que los científicos ambientales no saben mucho de economía.

Por eso, me gustaría presentar con algo más de detalle un trabajo de investigación empírica acerca de las dificultades del desacoplamiento. En esta ocasión, se trata de un libro escrito por un famoso economista ambiental inglés. *Prosperity without Growth* (Prosperidad sin crecimiento) (2017), de Tim Jackson.

Según Jackson, la optimización del consumo energético progresa, sobre todo, en torno a los sectores industriales de los países desarrollados. En comparación con la década de 1980, en EE. UU. o en el Reino Unido la mejora ha sido de un importante 40 %. No solo en estos, sino en los países miembros de la OCDE, se ha observado una reducción significativa de la tasa de consumo energético en relación con el PIB real. Es incuestionable que en los países más desarrollados está avanzando el desacoplamiento relativo.

Sin embargo, a diferencia de los países del primer mundo, en Brasil o en Oriente Medio, el consumo energético en relación con el PIB real está aumentando a un ritmo acelerado. En un contexto en que se prioriza el crecimiento económico más inmediato, se siguen efectuando grandes inversiones en tecnologías obsoletas y ni siquiera está ocurriendo el desacoplamiento relativo. La bajada de rendimiento del consumo energético significa, naturalmente, que no ha mejorado la proporción de emisiones de CO_2 en relación con el PIB real. Debido a que los centros del crecimiento económico se han desplazado a países como China o Brasil, a escala mundial el nivel de emisiones de CO_2 apenas ha mejorado un exiguo 0,2 % anual entre 2004 y 2015.[7]

Es decir, a nivel global, en los últimos años ni siquiera se está produciendo el desacoplamiento relativo entre las emisiones de CO_2 y el crecimiento. Así las cosas, el desacoplamiento absoluto para las cero emisiones netas en 2050 es un sueño dentro de otro sueño.

Efectivamente, en algunos países avanzados se están reduciendo las emisiones de CO_2, en parte también debido a la larga recesión sobrevenida tras la quiebra de Lehman Brothers. Por ejemplo, en el Reino Unido, a pesar de que entre 2000 y 2013 el PIB creció un 27 %, las emisiones de CO_2 se redujeron un 9 %. En Alemania o Dinamarca también se está produciendo desacoplamiento absoluto.

Pero a escala planetaria, debido al notable ritmo de crecimiento económico de los países en vías de desarrollo, las emisiones de CO_2 siguen creciendo. Exacto: la realidad es que las emisiones de CO_2, lejos de reducirse mediante el desacoplamiento absoluto, están, sencillamente, aumentando. Los datos ya se presentaron más arriba (véase figura 2, p. 34). Al final, las emisiones mundiales de CO_2 están aumentando a un ritmo del 2,6 % anual. En algunos países desarrollados, como en los EE. UU., también está aumentando un 1,6 % cada año.[8] Las perspectivas de lograr un desacoplamiento absoluto suficiente, que permita alcanzar el objetivo del tope de subida de 2 °C son, en realidad, inexistentes.

Jackson concluye, por todo ello, que la teoría del desacoplamiento es un «mito en absoluto convincente» y critica a los defensores del crecimiento verde. Llega a afirmar, tajante, que la confianza en la innovación tecnológica bajo el capitalismo, como solución al cambio climático, es una «suposición simplista» que es pura «fantasía».[9]

Lo que está sucediendo es un reacoplamiento

Observando los datos que indica Jackson, a algunos quizá les tiente culpar del aumento de las emisiones de CO_2 al acelerado crecimiento económico de los países en vías de desarrollo.

Pero eso sería repetir la falacia de los Países Bajos, referida en el capítulo 1 (véase p. 29). Fijarse únicamente en la reducción de las emisiones de CO_2 en los países avanzados es engañoso porque una parte no despreciable de los recursos obtenidos en China, Brasil o la India, y de los productos que en ellos se fabrican, se exportan a los países desarrollados y se consumen en estos.

Es decir, el desacoplamiento «aparente» en los países del primer mundo está ocurriendo a costa de transferir la parte negativa del proceso (en este caso, las emisiones de CO_2 derivadas de la actividad económica) al exterior. El desacoplamiento de los países miembros de la OCDE no es únicamente el resultado de la innovación tecnológica, sino el fruto de la transferencia al Sur global, a lo largo de 30 años, de los costes de la producción de las mercancías y alimentos que se consumen en ellos.

Por eso, al examinar las importaciones y exportaciones, teniendo en cuenta la huella de carbono, según Jackson, ni siquiera estaría teniendo lugar el desacoplamiento relativo (la huella de carbono es la conversión en emisiones de CO_2 de los gases de efecto invernadero que se generan a lo largo de todo el proceso de producción, desde la provisión de materias primas de las mercancías y servicios hasta su eliminación).[10]

De esta forma, aunque el desacoplamiento absoluto parezca factible sobre el papel, salvando periodos de crisis o emergencia temporales, como la caída de Lehman Brothers o la pandemia de la COVID-19, la probabilidad de un desacoplamiento absoluto a gran escala y sostenido en el tiempo es extremadamente baja.

En efecto, por mucho que avance la tecnología, la mejora del rendimiento tiene un límite material. Es imposible fabricar un coche con la mitad de las materias primas por más que mejore la eficiencia.

Asimismo, como se puede comprender revisando la historia del capitalismo desde la Revolución Industrial, el crecimiento económico del siglo XX fue posible gracias al consumo masivo de combustibles fósiles. El crecimiento económico y los combustibles fósiles están íntimamente ligados. Por consiguiente, el deseo de mantener un crecimiento económico como el que ha habido hasta ahora y de reducir, al mismo tiempo, las emisiones de CO_2 es una obviedad que termina topando con severas dificultades físicas.

Sabiendo esto, albergar esperanzas en un crecimiento económico que dependa del desacoplamiento absoluto es un error. El peligro de la estrategia del crecimiento económico verde radica, precisamente, en que populariza la fantasía de que el «desacoplamiento absoluto» es fácil de llevar a cabo.

La paradoja de Jevons: la mejora del rendimiento aumenta la carga medioambiental

Existen otros inconvenientes. Aunque la mejora del rendimiento es imprescindible para el desacoplamiento, sucede que, al mismo tiempo y paradójicamente, la mejora del rendimiento dificulta la adopción de medidas contra la crisis climática.

Por ejemplo, está creciendo en todo el mundo la inversión en energías renovables. A pesar de ello, no se está reduciendo el consumo de combustibles fósiles. Las energías renovables no están reemplazando a los combustibles fósiles, sino que se están consumiendo de forma adicional, para atender el aumento de la demanda energética debido al crecimiento económico.

¿Por qué está sucediendo esto? La paradoja de Jevons ofrece una explicación. Se trata de una paradoja propuesta por William Stanley Jevons, economista inglés del siglo XIX, en su obra *El problema del carbón* (1865).

A la sazón, en el Reino Unido se había logrado mejorar el rendimiento del carbón. Sin embargo, esto no redujo la cantidad utilizada. Más bien al contrario, el abaratamiento del carbón hizo que este se empleara en más ámbitos y su consumo creció. Es decir, contradiciendo el supuesto, generalmente aceptado, acerca de la disminución de la carga ambiental por la mejora del rendimiento, Jevons pronto se dio cuenta y llamó la atención sobre la mayor carga ambiental que podría implicar el progreso tecnológico.

Ocurre lo mismo en la actualidad. Aunque mejore el rendimiento gracias al desarrollo de nuevas tecnologías, el abaratamiento consiguiente de las mercancías espolea con frecuencia el consumo. Esto da lugar a paradojas: los televisores son energéticamente cada vez más eficientes, pero como cada vez más gente compra televisores de gran tamaño, se ha producido un aumento del consumo de energía; de la misma manera, la optimización del consumo energético no ha servido para nada debido a la popularización de vehículos grandes, como los SUV (vehículo utilitario deportivo). Aunque la mejora de la eficiencia gracias a las nuevas tecnologías parezca dar lugar al desacoplamiento relativo, muchas veces su efecto queda neutralizado por el aumento del consumo.

Asimismo, en ocasiones sucede que aunque la mejora del rendimiento produzca desacoplamiento relativo en un área o sector, el capital o los ingresos ahorrados se destinan a la producción o la compra de mercancías que consumen más energía o recursos, y el ahorro inicial queda anulado. Lo ahorrado con la bajada de los precios de los paneles solares podría animar a la gente a viajar en avión. La plusvalía alentará a las empresas a invertir en otros negocios. Y no existe ninguna garantía de que estos sean «verdes».

En estos casos, irónicamente, el desacoplamiento relativo termina dificultando el desacoplamiento absoluto del conjunto.

El cambio climático no se puede detener con la fuerza de los mercados

Voy a señalar otro problema del keynesianismo medioambiental de Rifkin y otros. El keynesianismo medioambiental estimula los mercados, pero no los regula. Sin embargo, el mecanismo de fijación de precios de los mercados no funciona para reducir las emisiones de CO_2.

Vamos a reflexionar sobre este fracaso de los mercados tomando como ejemplo el «pico petrolero». Cuando se rebasa el pico de extracción de petróleo, el suministro se reduce, aumenta el precio del crudo y la economía se resiente. En su momento, se debatió ampliamente sobre cuándo se producen los picos de petróleo, así como acerca de la naturaleza de sus efectos sobre la economía.

Los fundamentalistas de mercado pensaron que si el precio del petróleo subía, se abaratarían, en términos relativos, las nuevas tecnologías, como las energías renovables; que este abaratamiento impulsaría el desarrollo de las energías renovables y que, al final, se terminaría reduciendo el consumo de petróleo.

Sin embargo, ocurrió otra cosa. Lo que hizo el capitalismo cuando subieron los precios del crudo fue obtener petróleo no convencional de arenas y esquistos bituminosos, una operación hasta ese momento no rentable. Es decir, la industria trató de aprovechar la subida de precios para ganar más dinero.

Quizá se objete que, aun así, si se siguiera innovando, las energías renovables se abaratarían en el futuro y el consumo de petróleo dejaría de ser rentable. De hecho, el propio Jeremy Rifkin es un defensor entusiasta del «colapso de la civilización de los combustibles fósiles» bajo la lógica del mercado.[11]

Sin embargo, si tuviera lugar un desarrollo extraordinario de las energías renovables, ¿renunciará la industria petrolera a su negocio ante el descenso de la competitividad del precio del crudo? De ninguna manera. Cuanto más segura sea la quiebra del precio futuro del petróleo, con más rabia se revolverá la industria para saquear los combustibles fósiles antes de que dejen de ser comercializables en el mercado. El ritmo de extracción no hará sino aumentar. Será su última pataleta.

Para un problema irreversible como el cambio climático, sería un error fatal. Por eso, para reducir las emisiones de gases de efecto invernadero son necesarias otras poderosas fuerzas coactivas externas al mercado.

Las enormes emisiones de CO_2 de los ricos

En cualquier caso, si un desacoplamiento a gran escala y sostenido en el tiempo es extremadamente difícil, los defensores del keynesianismo medioambiental no podrán cumplir sus promesas. Aunque puedan vencer en las elecciones erigiéndose en abanderados de la rutilante promesa del Green New Deal, no podrán solucionar la crisis ecológica.

Y es que el problema es mucho más profundo. Es decir, lo que debemos hacer es empezar por revisar de raíz la producción y el consumo en masa en los que se ha basado el crecimiento económico. Precisamente por eso, más de diez mil científicos denunciaron en 2019 que «el cambio climático está íntimamente ligado al consumo desenfrenado del estilo de vida opulento» y proclamaron la necesidad de un cambio fundamental del mecanismo económico existente.[12]

Por supuesto, quienes más CO_2 emiten con su estilo de vida opulento son los ricos de los países desarrollados. Algunos datos sorprendentes apuntan a que el 10 % más rico del mundo es responsable de la mitad de las emisiones totales de CO_2.[13] La enorme carga ambiental que suponen los vuelos en jets privados, los paseos en coches deportivos y la propiedad de múltiples mansiones lujosas por parte del 1 % más rico es especialmente preocupante.

Por el contrario, el 50 % más pobre apenas es responsable del 10 % de las emisiones totales de CO_2. A pesar de ello, es este segmento social el primero en quedar expuesto al impacto del cambio climático. Aquí también resultan evidentes las contradicciones del modo de vida imperial y de la sociedad de la externalización, vistos en el capítulo 1. Por eso, es absolutamente correcta la afirmación de que son los más ricos quienes deben encabezar la reducción de las emisiones contaminantes. Este es un problema del modo de vida imperial.

En efecto, se dice que solo con igualar el nivel de emisiones del 10 % más rico al del europeo medio se podría lograr una reducción de aproximadamente un tercio de las emisiones de CO_2.[14] Si esto se hiciera realidad, se ganaría un tiempo precioso para completar la transición a una infraestructura social sostenible.

Sin embargo, tampoco hay que olvidar lo siguiente: la mayoría de los habitantes de los países desarrollados, como nosotros, pertenece al segmento de población que conforma el 20 % más rico del planeta. En Japón, muchos estarán entre el 10 % más pudiente. Es decir, si no somos nosotros quienes, en calidad de victimarios y de potenciales víctimas, cambiamos nuestro modo de vida imperial, es imposible hacer frente al problema medioambiental.

El coste real de los coches eléctricos

Aun así, ¿qué sucedería si se continuara con las inversiones verdes y se siguieran ampliando los mercados con la esperanza de hacer efectivo el desacoplamiento? Me gustaría reflexionar sobre esta cuestión tomando como ejemplo los coches eléctricos, como los Tesla.

Es indudable que, en la actualidad, los coches con motores de gasolina son uno de los grandes emisores de CO_2 a nivel mundial. Por eso, es urgente la introducción y popularización de vehículos de bajas emisiones de carbono, y el apoyo activo de los Estados para la consecución de este objetivo, un deber.

Como se expuso antes, hay quienes esperan que el reemplazo de todos los coches con motores de gasolina por otros eléctricos acabe creando un gigantesco mercado con sus correspondientes puestos de trabajo y que esto resuelva la emergencia climática y la crisis económica. En definitiva, el ideal del keynesianismo medioambiental. Sin embargo, las cosas no son tan sencillas.

La clave aquí son las baterías de iones de litio, famosas también en Japón por la concesión, en 2019, del Premio Nobel de Química a Akira Yoshino por su invención. Las baterías de iones de litio son imprescindibles no solo para los teléfonos móviles o los ordenadores portátiles, sino también para los vehículos eléctricos. El caso es que para la fabricación de baterías de iones de litio se utilizan grandes cantidades de metales raros.

En primer lugar, por supuesto, se necesita litio. La mayoría del litio está enterrado en el subsuelo de la cordillera de los Andes. Chile, en cuyo territorio se encuentra el salar de Atacama, es el mayor productor de litio del mundo.

El litio se va concentrando muy lentamente en las aguas subterráneas salinas de zonas áridas y se obtiene extrayendo la salmuera del subsuelo de los salares y evaporando posteriormente el agua de la salmuera. Por lo tanto, la extracción de litio es sinónimo de bombeo del agua subterránea.

El problema es la cantidad de agua que hay que bombear. Dicen que una sola empresa minera de litio estaría bombeando unos 1.700 litros por segundo. Un bombeo de este calibre en regiones secas de por sí no puede por menos que causar un gran impacto en el ecosistema.

Por ejemplo, está disminuyendo el número de flamencos andinos que se alimentan de las gambas que viven en la salmuera. El incesante bombeo de las aguas subterráneas también está reduciendo la disponibilidad del agua dulce para los lugareños.[15]

Es decir, la adopción de medidas contra el cambio climático en los países desarrollados está causando la explotación y el saqueo masivo de recursos naturales alternativos al petróleo en el Sur global. Sin embargo, este hecho también está invisibilizado por la transferencia espacial.

El cobalto también es imprescindible para las baterías de iones de litio. El problema en este caso es que la sexta parte del cobalto mundial procede de la República Democrática del Congo, uno de los países más pobres e inestables política y socialmente de África.

La minería del cobalto es simple: excavarlo de la corteza terrestre con maquinaria pesada o fuerza humana. Huelga decir que las extracciones de cobalto a gran escala, para cubrir la demanda mundial y su cada vez mayor expansión, están contaminando el agua y las cosechas, destruyendo el medio ambiente y degradando el paisaje en el Congo.

No menores son los problemas de las condiciones laborales inhumanas. En el sur del Congo el trabajo en situación de semiesclavitud o el trabajo infantil, de los llamados *creuseurs* («mineros», en francés), está a la orden del día. Con herramientas tan toscas y primitivas como formones, buriles o mazos, estos *creuseurs* se dedican a minar el cobalto a mano. Entre ellos hay niños de apenas 6-7 años que trabajan a cambio de ínfimos salarios de apenas 1 dólar al día.

El trabajo en peligrosas galerías subterráneas carece de las medidas de seguridad adecuadas. Algunos mineros llegan a pasar 24 horas en el subsuelo, y a causa de la aspiración constante de sustancias tóxicas, son muchos los problemas de salud que sufren, como dolencias respiratorias, cardíacas y problemas psicológicos.[16] En el peor de los casos, pueden quedar enterrados vivos mientras trabajan. Estas extracciones mineras están siendo objeto de críticas internacionales por los niños heridos y muertos en ellas.

Por supuesto, al otro lado de la cadena de suministro global están las empresas como Tesla, Microsoft o Apple. Es imposible que sus gestores desconozcan cómo se están obteniendo el litio o el cobalto. De hecho, algunos de estos abusos han sido llevados a los tribunales norteamericanos por organizaciones de defensa de los derechos humanos.[17] A pesar de todo, ellos siguen a lo suyo, impasibles, pregonando la promoción de los ODS a través de la innovación tecnológica.

El imperialismo ecológico del Antropoceno

En definitiva, los proyectos para implantar una economía verde en los países desarrollados no son más que formas de desplazar los costes sociales y naturales a la periferia. La estructura del imperialismo ecológico, similar a la recolección del guano en las costas de Perú en el siglo XIX, que vimos en el capítulo 1, simplemente ha cambiado su objeto de deseo por los metales raros y se está repitiendo en Sudamérica y África.

No son solo el litio y el cobalto. La demanda de hierro, cobre o aluminio sigue aumentando a la par que el PIB y el consumo de estos recursos se está disparando (figura 4).

En relación con este punto, el trabajo de investigación del ambientalista Thomas Wiedmann y su equipo calcula la huella material (MF, por sus siglas en inglés), corrigiendo el

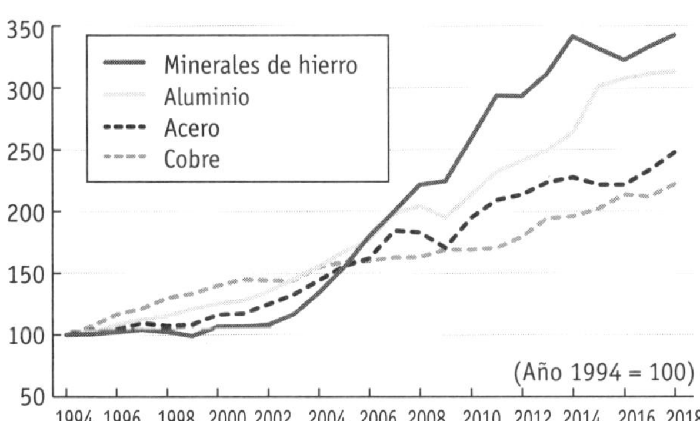

Figura 4. Tasa de incremento de producción de minerales

Gráfico elaborado a partir de los datos del US Geological Survey, National Minerals Information Center, «Mineral Commodity Summaries», 1994-2019.

impacto del comercio internacional en los cálculos.[18] La MF es un indicador del consumo de recursos naturales.

Según esta investigación, tras aplicar las correcciones oportunas, ni siquiera en los países desarrollados se estaría produciendo el desacoplamiento entre el crecimiento económico y la MF. Aunque, efectivamente, el consumo interno de materiales (DMC, por sus siglas en inglés) se está reduciendo, cuando se tiene en cuenta la huella material de los recursos naturales importados se observa cómo la MF real de los países está aumentando prácticamente en la misma proporción que sus PIB reales. El desacoplamiento relativo/absoluto de los países desarrollados es, en todo caso, temporal, y lo que está ocurriendo en los últimos años es, más bien, un reacoplamiento del PIB y la MF.[19]

En efecto, mientras que el consumo total de recursos naturales —incluyendo minerales, menas, combustibles fósiles y biomasa— era de 26.700 millones de toneladas en 1970, en 2017 el total superó las 100.000 millones de toneladas. Dicen que en 2050 se habrán alcanzado las aproximadamente 180.000 millones de toneladas.

El porcentaje de materiales reciclados, sin embargo, es de apenas el 8,6 %, y su tendencia es descendente frente al rápido aumento del consumo de recursos. Aunque se ha dicho que en los países desarrollados, gracias a la transición a la industria de las tecnologías de la información y la comunicación (TIC) y al sector servicios, se ha avanzado en la «desmaterialización del capitalismo», teniendo en cuenta lo antedicho, es evidente que la desmaterialización es un cuento.[20]

En cualquier caso, supongo que queda claro que esta economía es insostenible. No es solo que un desacoplamiento suficiente sea difícil. Los discursos acerca de la posibilidad de realización de una sociedad sostenible a través de la economía circular, en la que algunos tantas esperanzas parecen depositar, son engañosos. Tratar de hacer circular la economía es insuficiente. Hay que reducir drásticamente el consumo de recursos naturales.

El futuro del keynesianismo medioambiental de los países desarrollados, que persigue el crecimiento económico verde de tipo capitalista, es oscuro. En muchos países se implementarán políticas económicas que prometan ser verdes. Pero el saqueo de la periferia se agravará. El saqueo se ha convertido en el requisito indispensable para la protección del medio ambiente del núcleo.

El optimismo tecnológico no solucionará los problemas

Existen aún más inconvenientes: la dudosa efectividad de las políticas verdes de los países desarrollados. Que una familia tenga varios coches, por ejemplo, no es sostenible por muy eléctricos que sean. Teniendo en cuenta los planes de venta de los SUV y vehículos eléctricos de Tesla o Ford, solo cabe esperar una aun mayor consolidación de la cultura consumista y un despilfarro cada vez mayor de recursos. En definitiva, un ecoblanqueo de manual.

Lo cierto es que en la extracción de las materias primas para la fabricación de coches eléctricos se emplean combustibles fósiles y se emite CO_2. Encima, para suplir el incremento exponencial del consumo eléctrico que supondrá la difusión de estos vehículos se instalarán cada vez más paneles fotovoltaicos y parques eólicos, y, precisamente para ello, se extraerán más recursos naturales y se emitirá aún más CO_2 en el proceso de fabricación, precisamente, de los equipos de generación eléctrica. Por supuesto, se destruye el medio ambiente. Es la «paradoja de Jevons». El resultado: un empeoramiento de la crisis ecológica.

Más datos aciagos, por si todo lo anterior no fuera suficiente: según la Agencia Internacional de la Energía (AIE), el número de vehículos eléctricos pasará de los 2 millones actuales a los 280 millones en 2040; sin embargo, según sus estimaciones, el porcentaje de reducción de las emisiones de CO_2 mundial será de un ridículo 1 %.[21]

¿Por qué? Reemplazar los vehículos con motor de explosión por coches eléctricos no reducirá sustancialmente las emisiones de CO_2 porque el aumento del tamaño de las baterías incrementará las emisiones durante su fabricación.

Como se ve, la tecnología verde no es tan verde cuando se amplía la perspectiva y se sopesa en el análisis su proceso de producción.[22] Aunque la realidad de la producción se invisibiliza, en el fondo, no se trata más que de la manida transferencia de un problema a otro. Por consiguiente, aun admitiendo la necesidad de inclinarse hacia el uso de vehículos eléctricos o la generación eléctrica fotovoltaica, fiar el futuro al optimismo tecnológico podría ser fatal.

Aun así, la propuesta de los defensores del keynesianismo medioambiental, que pretende la transición cien por cien a los coches eléctricos y a las energías renovables, nos puede parecer atractiva. Sin embargo, esto es porque el keynesianismo medioambiental promete un futuro que hará sostenible nuestro modo de vida imperial actual; es decir, sin que pongamos nada de nuestra parte. Esto es, en palabras de Rockström, una auténtica «evasión de la realidad».

¿Una nueva tecnología que eliminará el CO_2 de la atmósfera?

Como se ha visto, no cabe esperar una reducción significativa de las emisiones de CO_2 por la introducción de coches eléctricos. Entonces ¿qué conviene hacer? Para los defensores del crecimiento económico verde, la única solución es apostar por tecnologías aún más espectaculares. Por ejemplo, capturar y eliminar directamente el dióxido de carbono de la atmósfera. Estas nuevas tecnologías, que tornarían negativas las emisiones, se conocen como «tecnologías de emisiones negativas» (*negative emision technologies,* o NET, por sus siglas en inglés).

Si las NET se hicieran realidad, facilitarían considerablemente el desacoplamiento absoluto. En el Informe Especial sobre Calentamiento Global de 1,5 °C (2018) que presentó el IPCC de la ONU, se contempla la implementación de las NET en la proyección de un escenario hipotético de contención del aumento de las temperaturas entre 1,5 y 2 °C. Las NET son la gran esperanza de los keynesianistas medioambientales.

Sin embargo, como señalan los climatólogos, el escenario que plantea el IPCC sobre la premisa del funcionamiento efectivo de las NET, está lleno de problemas.[23] De entrada, la probabilidad de que las NET se hagan realidad es incierta; y, en todo caso, si se hicieran realidad, se prevén importantes efectos secundarios.

Analicemos, por ejemplo, uno de los máximos exponentes de estas tecnologías: la bioenergía con captura y almacenamiento de carbono (*bioenergy with carbon capture and storage,* o BECCS, por sus siglas en inglés). El objetivo de la BECCS es lograr las cero emisiones netas de CO_2 recurriendo a la energía de biomasa (BE) e invertir el volumen de emisiones de CO_2 —hacerlo negativo— mediante su captura de la atmósfera y su almacenamiento en el subsuelo o el océano (CCS).

Pero aunque se implementara de forma efectiva la BECCS, los problemas no se solucionarán tan fácilmente. Porque si se continúa persiguiendo el «crecimiento económico verde», habrá que escalar la dimensión de la BECCS en proporción a la de la expansión de la economía.

En primer lugar, el problema de la energía de biomasa es que requiere enormes extensiones de terreno agrícola. Para alcanzar el objetivo de contención de las temperaturas en 2 °C, la superficie de terreno agrícola necesaria es el doble del tamaño de la India. ¿Cómo se va a poder disponer de tal extensión? ¿Se les arrebatarán, como siempre, a la India o a Brasil parte de sus campos de cultivo dedicados a la producción de alimentos para sus ciudadanos? ¿O se deforestará la selva tropical del Amazonas y se convertirá en terreno de cultivo para la obtención de biomasa? El problema es que, en tal caso, se perderá el efecto beneficioso de la reducción de las emisiones de CO_2.

La CCS tampoco está exenta de problemas. Las instalaciones de generación eléctrica con CCS emplean cantidades oceánicas de agua. Se dice que solo para cubrir la demanda de luz de Estados Unidos se necesitarían 130.000 millones de toneladas de agua al año. Cuando la inmensa cantidad de agua requerida en la agricultura actual ya es un problema de por sí, y en un momento en que, precisamente por culpa del cambio climático, el agua va camino de convertirse en un recurso precioso, ¿cómo se va a poder destinar tal cantidad de agua para la CCS? Por si no fuera suficiente, en caso de inyectar grandes volúmenes de CO_2 en el fondo marino mediante la CCS, el agravamiento de la acidificación de los océanos será inevitable.

En resumen, la BECCS no es más que una nueva tecnología de transferencia, algo que ya en su día Marx había señalado como problemático, pero a gran escala.

Los «jueguecitos intelectuales» del IPCC

Aquí hay algo que cae por su propio peso. ¿Qué sentido tiene incrementar la carga ambiental dilapidando otros recursos naturales solo para poder seguir utilizando combustibles fósiles? ¿No sería más razonable tratar de construir una sociedad que no dependa de estos combustibles? Se mire como se mire, la BECSS es un mal remedio.

Sin embargo, el informe del IPCC (AR5) contempla la aplicación de tecnologías problemáticas e ilusorias como la BECCS, en casi todos los escenarios hipotéticos de 2 °C. Los expertos implicados en la redacción del informe tienen que saber que la BECCS es una solución irreal. A pesar de ello, se la sigue teniendo en cuenta para la elaboración de complejos modelos de predicción de escenarios futuros.

No es extraño que Rockström tache estas predicciones de «jueguecitos intelectuales». Los expertos mundiales en la materia, en lugar de perder el tiempo en estos jueguecitos, deberían estar haciendo pedagogía entre el público general acerca de lo que hay que hacer para detener la crisis ambiental y explicando a los políticos y burócratas por qué es tan necesaria la adopción de medidas mucho más audaces y ambiciosas.

Quizá algunos se extrañen de que el IPCC esté cayendo en una contradicción tan flagrante. La razón es sencilla: los modelos del IPCC tienen como premisa el crecimiento económico y, por eso, están atrapados en la «trampa del crecimiento económico». Mientras la premisa siga siendo el crecimiento económico, solo se podrán esperar soluciones que impliquen el recurso a tecnologías como las NET.

«El camino al infierno está empedrado de buenas intenciones»

Como queda claro de lo expuesto hasta ahora, aunque la transición hacia los vehículos eléctricos y las energías renovables es obligada, si la finalidad de este cambio es mantener el estilo de vida actual, volveremos a caer fácilmente en la lógica del capitalismo y seguiremos apresados en la «trampa del crecimiento económico» (véase p. 58).

Para sortearla, debemos cortar de raíz el apego a una cultura consumista que, por ejemplo, asocia la autonomía personal con tener vehículo propio, y reducir drásticamente el consumo material. También es necesaria una intervención quirúrgica seria al propio sistema capitalista para aprovechar el potencial de las nuevas tecnologías. Por eso, el keynesianismo medioambiental es insuficiente.

Volveré a insistir, por última vez, para evitar malentendidos: las grandes inversiones encaminadas a una reforma radical de las infraestructuras estatales, a través de políticas como el Green New Deal, son indispensables. Por supuesto, debemos reemplazar a marchas forzadas las viejas tecnologías por la generación eléctrica fotovoltaica o los coches eléctricos. Tenemos que avanzar en la expansión y mejora del transporte público gratuito, en la instalación de carriles bici o en la construcción de viviendas públicas con paneles solares mediante estímulos fiscales ambiciosos.

Pero todo ello no es suficiente. Podrá sonar paradójico, pero lo que verdaderamente debería procurar el Green New Deal no es un crecimiento económico condenado al desastre, sino la reducción de la dimensión y la desaceleración del ritmo de la economía.

De entrada, el objetivo de las medidas para luchar contra el cambio climático no es el crecimiento económico, sino detener el cambio climático. Siendo así, renunciar al crecimiento económico constante, aumentará la probabilidad de alcanzar dicho objetivo. Además, se podrán mitigar los problemas derivados de la minería del litio en Chile o del cobalto en el Congo (aun así, se seguirá destruyendo el medio ambiente).

Al Green New Deal, que busca un crecimiento económico infinito, solo cabe decirle que «el camino al infierno está empedrado de buenas intenciones».[24]

El mito de la sociedad desmaterializada

Imagino que estas afirmaciones no serán plato de buen gusto para muchos lectores. Sin embargo, no es Rockström el único que ha llegado a conclusiones similares. El historiador Vaclav Smil, cuyas obras lee y admira también Bill Gates, se posiciona claramente en este asunto al afirmar lo siguiente en su libro *Crecimiento*, publicado en 2019: «Un crecimiento materialista continuado [...] es imposible. Ni siquiera la desmaterialización —hacer más cosas con menos recursos— podrá salvar esta limitación».[25]

Como bien apunta Smil, la transición del conjunto de la economía al sector servicios no solucionará los problemas. Por ejemplo, aunque el ocio es, en principio, inmaterial, se dice que la huella de carbono derivada de las actividades de recreo supone hasta el 25 % de la total.[26]

El desarrollo de la economía de la información, basado en el internet de las cosas (*internet of things*, o IoT, por sus siglas en inglés), que exalta gente como Jeremy Rifkin, tampoco será la solución. Aunque pudiera parecer que el capitalismo actual está creando un sistema económico desmaterializado a base de aumentar la cuota de trabajos no físicos, en el fondo es un sistema que se sustenta en consumir cantidades desmesuradas de energía y de recursos para la fabricación y operación de los ordenadores y servidores que necesita. Ocurre lo mismo con la migración a la nube. Incluso el capitalismo cognitivo, que depende de las TIC, está muy lejos de la desmaterialización o el desacoplamiento. En definitiva, todas estas historias son un mito.

Al final, ni Friedman ni Rifkin son capaces de ofrecer respuestas convincentes a estas dudas. Silencian completamente las verdades incómodas y solo se dedican a propalar sus méritos.

¿Se puede detener el cambio climático?

Así las cosas, a uno le asaltan las dudas acerca de las verdaderas intenciones de los defensores del Green New Deal. ¿Realmente quieren detener el cambio climático? Porque un Green New Deal que persiga el crecimiento económico a base de adaptación a un mundo cuyas temperaturas sean 3 °C más altas, que ni detenga ni mitigue el cambio climático, es perfectamente posible. Esta estrategia de adaptación implicará, conjuntamente, el recurso a las NET o la energía nuclear.

Este es, precisamente, el plan propuesto por el famoso *think tank* norteamericano The Breakthrough Institute. Se trata, también, de una postura que comparten personas que conceden gran importancia a la adaptación al cambio climático, como Steven Pinker o Bill Gates.

Sin embargo, tal adaptación se asienta sobre la premisa de que el cambio climático no se puede detener. ¿No es una claudicación demasiado temprana, cuando aún hay esperanzas de contener su avance? ¿Por qué no hacer todo lo que aún está en nuestras manos?

Lo que se suele plantear en este contexto es el de revertir nuestro nivel de vida al de los años setenta del siglo pasado.[27] En tal caso, los japoneses no podremos viajar en avión a Nueva York para pasar allí tres días de asueto, ni tampoco degustar el Beaujolais Nouveau que se importe, vía aérea, cuando se levante la prohibición de su venta. Sin embargo, ¿qué impacto real tendrían esas restricciones? Efectivamente, serían acciones insignificantes frente a una subida de 3 °C de la temperatura promedio del planeta. Entre otras cosas, porque una subida así haría imposible la producción de vino francés y no volveríamos a tomarlo jamás.

Soy del todo consciente de que una visión de futuro que asuma un descenso del nivel de vida no es una opción políticamente atractiva. Pero ignorarla por problemática e insistir, en cambio, en el crecimiento económico verde para ganar elecciones porque suena mejor como eslogan político, no merece otro calificativo que el de ecoblanqueo disfrazado de consideración ambiental, por muy bienintencionado que sea.

Tal evasión de la realidad dará aún más alas al modo de vida imperial y alentará la explotación y la opresión de la periferia. Si siguiéramos por ese camino, nosotros también sufriríamos las consecuencias en un futuro cercano.

La opción del decrecimiento

Si se decide abandonar esta evasión de la realidad llamada «crecimiento económico verde», debemos estar preparados para tomar decisiones difíciles. ¿Con qué grado de seriedad afrontaremos la reducción de las emisiones de CO_2? ¿Quiénes asumirán los costes? ¿Qué indemnización ofrecerán al Sur global los países desarrollados por su modo de vida imperial? ¿Cómo afrontaremos los problemas medioambientales adicionales que surgirán en el proceso de transición hacia una economía sostenible?

Las respuestas no son fáciles de encontrar. Con todo, en este libro quiero proponer una alternativa: el decrecimiento. Desde luego, el decrecimiento no resolverá todos los problemas como por arte de magia, y quizá sus frutos ni siquiera se logren en el plazo debido. Aun así, en los próximos capítulos me gustaría explicar por qué es una propuesta que debemos barajar seriamente para evitar el desastre.

Por supuesto, el gran problema que se plantea aquí es definir a qué clase de decrecimiento debemos aspirar.

Capítulo 3

Contra el decrecimiento bajo el capitalismo

Del crecimiento económico al decrecimiento

En el capítulo 2 expuse que resulta prácticamente imposible compaginar el crecimiento económico con la reducción de las emisiones de dióxido de carbono a una velocidad adecuada. Llevar a cabo el desacoplamiento es muy difícil. En ese caso, solo cabe renunciar al crecimiento y considerar seriamente el decrecimiento económico situando ese concepto en el corazón de las medidas contra el cambio climático. Pero ¿cuál es el tipo de decrecimiento que necesitamos? Lo analizaremos en este capítulo.

No obstante, antes de comenzar, quiero dejar claro que en el mundo hay miles de millones de personas sin acceso a luz o agua potable, que no pueden estudiar ni comer en condiciones y que, para ellas, el crecimiento económico es absolutamente necesario.

Por eso, en el ámbito de la economía del desarrollo, siempre se ha dicho que el crecimiento económico es la clave para la solución del problema Norte-Sur y se ha ofrecido todo tipo de ayudas al desarrollo. No tengo la menor intención de negar o criticar la bondad o la importancia de estas ayudas.

Pero es un hecho que el modelo de desarrollo que gira en torno al crecimiento económico está mostrando claros síntomas de agotamiento. Y es evidente que las críticas al Banco Mundial o al Fondo Monetario Internacional no paran de crecer.[1]

Uno de estos críticos que está llamando la atención en el mundo occidental es la economista Kate Raworth. Tras muchos años estudiando el problema Norte-Sur en Oxfam, organización no gubernamental centrada en la ayuda al desarrollo internacional, esta economista comenzó a criticar la corriente mayoritaria de la ciencia económica y a mostrarse favorable al decrecimiento.

Como primer paso en el análisis del tipo de decrecimiento necesario, me gustaría presentar la propuesta de Raworth.

La economía del dónut: fundamento social y techo ecológico

Las reflexiones de Raworth parten de la siguiente pregunta: «¿Qué nivel de desarrollo económico brindará prosperidad a toda la humanidad sin que ello suponga sobrepasar los límites ecológicos de la Tierra?». El concepto que utiliza Raworth para responder a esta pregunta es el de la «economía del dónut» (figura 5, p. 87).

En la figura, el anillo interno de la rosquilla representa el fundamento social y el anillo externo, el techo ecológico.

Una persona no puede prosperar si carece del fundamento social básico, como agua, ingresos o educación. La falta de fundamentos de tipo social significa carencia de requisitos materiales para que un ser humano despliegue su

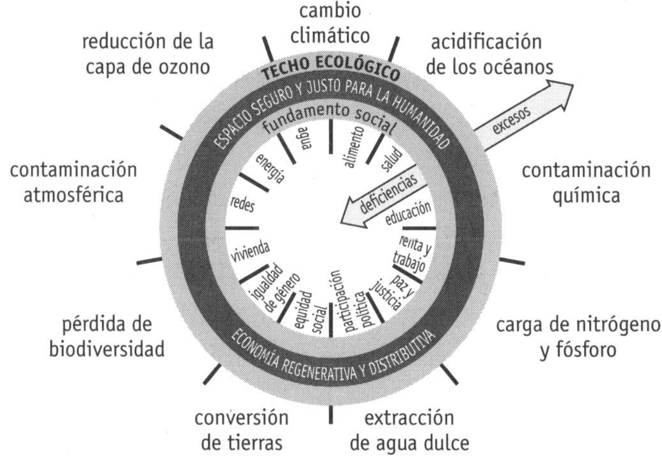

Figura elaborada a partir de Economía rosquilla: 7 maneras de pensar la economía del siglo XXI, *de Kate Raworth (op. cit.).*

potencial y viva libremente. Si las personas no pueden desarrollar libremente sus capacidades, jamás se lograría una sociedad justa. Esta es la situación en la que se encuentran los habitantes de los países subdesarrollados.

No se trata, sin embargo, de que las personas actúen caprichosamente y a su antojo para desarrollar su potencial. Para que las generaciones futuras prosperen, la sostenibilidad es indispensable. Y para lograr la sostenibilidad, la generación actual debe respetar unos límites. Estos límites son el «techo ecológico» basado en los límites planetarios, que vimos en el capítulo 2. Es el anillo externo de la rosquilla.

Es decir, si se pudiera diseñar una economía global que permitiera la inclusión del mayor número de personas entre los límites superior e inferior, se podría hacer realidad una sociedad sostenible y justa. Este es el planteamiento básico de Raworth.[2]

Sin embargo, como se ha ido insistiendo, los habitantes de los países desarrollados viven ya muy por encima de los límites planetarios, mientras que los habitantes de los países subdesarrollados están condenados a una vida carente de cimientos sociales básicos. El sistema actual, por tanto, no solo es muy dañino para el medio ambiente, sino también tremendamente injusto.

Lo que se necesita para corregir la injusticia

El planteamiento de Raworth causó sensación e indujo una investigación transversal en distintas áreas que transcendió los ámbitos de la política y la economía. Una de ellas es la investigación cuantitativa del economista ambiental Daniel O'Neill y colaboradores. Su trabajo recurre al concepto de la «economía del dónut» para medir varios índices concretos en unos ciento cincuenta países e ilustrar en qué lugar de la rosquilla se encuentra cada uno.[3]

Sin embargo, de acuerdo con esta investigación, que analiza la correlación entre la calidad de vida y la carga ambiental, la tendencia que se observa es que cuantos más umbrales sociales se satisfacen, más límites planetarios se superan. Excepto Vietnam, la mayoría de los países están colmando sus necesidades sociales sacrificando la sostenibilidad.

Es un hecho verdaderamente incómodo. Resulta que tomar como modelos a los países avanzados, apoyar el progreso de los países en vías de desarrollo y tratar así de satisfacer las necesidades sociales básicas es ruinoso a nivel planetario.

No obstante, según Raworth, en el caso hipotético de que la demanda de recursos y energía aumentase, la carga adicional para lograr una sociedad justa sería mucho menor de lo que comúnmente se suele creer.

Por ejemplo, en el caso de los alimentos, con incrementar en apenas el 1 % las calorías totales suministradas, se podría salvar del hambre a 850 millones de personas. Aunque se calcula que actualmente hay 1.300 millones de personas que viven sin acceso a luz, si se les suministrara electricidad a todos ellos, las emisiones de CO_2 solo se incrementarían en un 1 %. Para sacar de la pobreza a 1.400 millones de personas que viven con menos de 1,25 dólares al día sería suficiente con redistribuir apenas el 0,2 % de la renta mundial.[4]

Y aunque Raworth no lo dice, la democracia se podría implementar sin aumentar la carga ambiental.

La igualdad económica también se podría alcanzar sin empeorar la carga medioambiental si se recortasen y redistribuyesen los gastos militares o las ayudas a la industria petrolera. Es más, el medio ambiente experimentaría una mejora.

Lo que se está sugiriendo con estas ideas es que la injusticia que suponen las diferencias abismales entre el Norte y el Sur se podría corregir, al menos hasta cierto punto, sin destruir más el entorno natural aunque sigamos aferrados al crecimiento económico.

¿Existe correlación entre crecimiento económico y bienestar subjetivo?

Otro de los puntos importantes que señala Raworth es que, cuando se supera cierto nivel, la correlación entre el crecimiento económico y la mejora en la calidad de vida de las personas se vuelve difusa. Es decir, cuando se supera cierto nivel de desarrollo económico, la premisa del crecimiento económico como único motor de la prosperidad social comienza a no estar tan clara.

En este sentido la comparación entre Estados Unidos y Europa resulta ilustrativa. En los países europeos, como Alemania o Francia, el PIB per cápita es inferior al de Estados Unidos; sin embargo, el nivel de prestación y asistencia social es muy superior en los europeos, en muchos de los cuales la sanidad o la educación superior son gratuitos. Por el contrario, en Estados Unidos hay muchísima gente que no recibe asistencia médica por carecer de seguro o se ve obligada a cargar con la pesada losa de cuantiosos préstamos necesarios para sufragar sus estudios.

Otro ejemplo sería el de la esperanza de vida de los japoneses frente a la de los norteamericanos: a pesar de que el PIB per cápita japonés es mucho menor que el de Estados Unidos, la esperanza de vida de los japoneses es seis años mayor que la de los estadounidenses.[5]

Es decir, el desarrollo social muestra una gran variación en función de cómo se gestione la producción, se redistribuya la riqueza y se dispongan los recursos sociales. Por mucho que se crezca económicamente, si solo unos pocos acaparan sus frutos y no se redistribuyen, muchos no podrán desarrollar su potencial y serán infelices.

Dicho de otro modo: aun sin crecimiento económico, si se repartieran correcta e inteligentemente los recursos existentes, las sociedades podrían prosperar.

Por eso necesitamos reflexionar más seriamente si un reparto justo y estructural de los recursos es factible en el contexto del sistema capitalista.

Por un reparto justo de los recursos

La dificultad, sin embargo, es que un reparto justo de los recursos no es un asunto estrictamente nacional. El gran escollo al que nos enfrentamos es cómo compaginar, en la práctica, la justicia social y la sostenibilidad a nivel global.

No quiero que se me malinterprete. No es hipocresía. Pero como indica claramente el problema del cambio climático, el mundo está conectado. Pretender que los países subdesarrollados sigan la misma senda de desarrollo que los países del primer mundo para que estos puedan seguir despilfarrando recursos y encontrando mercados en los que vender sus productos no es sostenible se mire por donde se mire.

Si el mundo entero no se inclina hacia una sociedad sostenible y justa, al final, la Tierra se volverá un lugar inhabitable y la prosperidad de los países desarrollados también se verá amenazada.

Dicho esto, resulta indispensable elevar el nivel de vida de las personas que ni siquiera están en el anillo interno del dónut; no obstante, esto implica aumentar la huella material global. Sin embargo, incidir en este error cuando ya se han rebasado muchos límites planetarios sería letal.

Por eso, es absurdo que los países desarrollados con una alta carga ambiental sigan pretendiendo un crecimiento económico aún mayor mientras se consumen cantidades ingentes de energía, más aún sabiendo que el crecimiento económico ya no contribuye en estos países a mejorar mucho más el nivel de bienestar.

Además, si se utilizasen en el Sur global los mismos recursos y energía, el grado de satisfacción vital de sus habitantes mejoraría considerablemente. En ese caso, ¿no deberíamos reservar el presupuesto de carbono (la cantidad de emisiones tolerables de dióxido de carbono) para ellos?

Si nuestra postura fuera «nos da igual que los mil millones de personas que pasan hambre sigan sufriendo» o «no nos importa que la destrucción del medio ambiente perjudique a las generaciones futuras», el camino a seguir sería muy diferente; pero, si no, debemos es encontrar la manera de renunciar al crecimiento económico en los países desarrollados y reducir activamente la huella material.

Precisamente por eso, tanto Raworth como O'Neill concluyen que es necesario considerar seriamente el tránsito hacia el decrecimiento o hacia una economía del estado estacionario.[6] Estoy totalmente de acuerdo con las opiniones de ambos expuestas hasta ahora.

El capitalismo es incapaz de hacer realidad un mundo globalmente justo

No obstante, el discurso de Raworth y O'Neill deja una pregunta muy importante sin responder. Los dos se mantienen al margen de los problemas del sistema capitalista. Se percibe aquí el característico gesto esquivo de los defensores del decrecimiento, que evitan afrontar los problemas del capitalismo. Pero el meollo del asunto es si el capitalismo permite estructuralmente un reparto equitativo de los recursos.

Sin embargo, desde el punto de vista de la justicia global, el capitalismo es totalmente disfuncional. Sencillamente, no sirve. Como se ha expuesto en los capítulos precedentes, dado que el capitalismo se basa en la externalización y la transferencia, es imposible alcanzar un mundo globalmente justo. La consecuencia de haber desatendido las injusticias es que se está poniendo en riesgo la propia supervivencia de la humanidad.

Dicho de otro modo: nuestro objetivo en esta era de crisis medioambiental no debería ser única y exclusivamente nuestra propia supervivencia. Quizá esto último nos permita ganar algo de tiempo, pero como no disponemos de otro planeta al que huir, nos terminaremos quedando sin escapatoria.

De momento, la vida de la mayoría de los japoneses, que por renta ocupa el 10-20 % más rico a nivel mundial, parece segura. Pero si se siguiera viviendo como hasta ahora, la crisis ecológica global empeorará y los estándares de vida actuales solo estarán garantizados para el 1 % de superricos.

Por eso, hablar de justicia a nivel global no es humanitarismo abstracto e hipócrita. Me gustaría que te pusieras en el lugar del otro antes de minusvalorarlo o ignorarlo, y pensaras por un momento en que quizá mañana estés en su lugar. Al final, también nuestra propia supervivencia, debemos aspirar a una sociedad más justa y sostenible. Esto será lo que, en definitiva, aumente la probabilidad de supervivencia de toda la humanidad.

Por eso, la clave de la existencia es la igualdad.

Las cuatro opciones de futuro

Cuando se piensa en términos de igualdad, ¿cuáles son las opciones de futuro en esta era del Antropoceno? Las esbozaré brevemente.

En la figura 6, el eje horizontal representa el grado de igualdad: cuanto más a la izquierda, más igual; y cuanto más a la derecha, más desigual e importante es la iniciativa individual. El eje vertical representa el poder del Estado: cuanto más arriba, más poder del Estado; y cuanto más abajo, menos poder del Estado y más relevante es la ayuda mutua voluntaria entre la gente.

Analicemos estas cuatro opciones.[7]

Figura 6. Las cuatro opciones de futuro

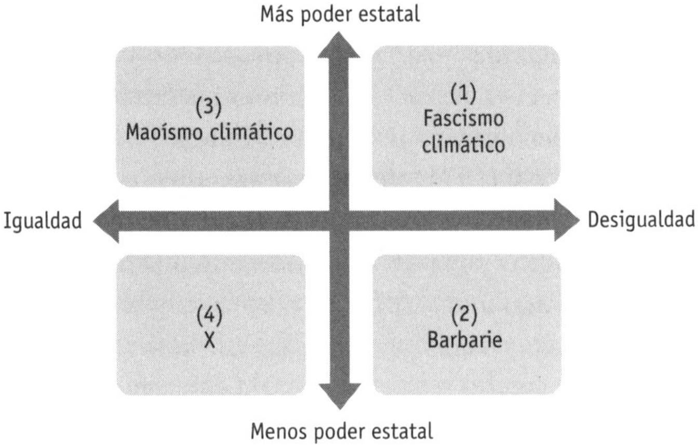

(1) FASCISMO CLIMÁTICO

Si se decide mantener la situación actual y nos aferramos al capitalismo y al crecimiento económico, las víctimas del cambio climático serán ingentes. En un futuro no muy lejano, muchísima gente será incapaz de llevar una vida decente. Las personas perderán los hogares y muchas se convertirán en refugiados ambientales.

Pero los superricos serán la excepción. En el capitalismo del desastre, la crisis ambiental es una oportunidad más de negocio y enriquecimiento. Los Estados tratarán de proteger los intereses de estas clases privilegiadas y reprimirán con dureza a todo aquel que amenace su estatus y el orden prevalente, como las víctimas y los refugiados ambientales. Esta es la primera opción de futuro: el fascismo climático.

(2) BARBARIE

Pero si el cambio climático continúa, aumentarán los refugiados ambientales y la producción de alimentos peligrará. Como consecuencia de ello, quienes sufran hambre y pobreza se rebelarán y causarán desórdenes. La lucha entre el 1 % superrico y el 99 % restante se saldará con la victoria de este último. La sublevación de las masas derribará Gobiernos autoritarios y el mundo se sumirá en el caos. Los Gobiernos sufrirán una pérdida de confianza y la gente actuará por pura supervivencia. Será el retorno al «estado de naturaleza», a la «guerra de todos contra todos» de Hobbes. Esta es la segunda opción de futuro: la barbarie.

(3) MAOÍSMO CLIMÁTICO

Para evitar la pesadilla del retorno a la «barbarie», se requerirá otra modalidad de gobierno. Con el fin de sortear el caos, se adoptarán medidas autoritarias contra el cambio climático mientras se trata de aliviar la tensión entre ricos y pobres, 1 % vs. 99 %. Es probable que se abandone el libre mercado, se rechacen los postulados liberales, surjan estados dictatoriales de poderes centralizados y se acometan medidas contra el cambio climático más efectivas e igualitarias. A este futuro lo llamaré «maoísmo climático».

(4) X

Pero tiene que existir otra opción en que la humanidad no acabe sometida a la tiranía de un Estado despótico ni quede sumida en el caos de la barbarie. No es imposible librarse de la dependencia de un Estado fuerte, concebir una sociedad basada en la ayuda mutua de tipo democrático, voluntariamente desarrollada por cada uno de los individuos, y afrontar así la emergencia climática. Esta debería ser la sociedad futura justa y sostenible. De momento, la llamaré «X».

El futuro al que aspira este libro, como se podrá deducir fácilmente de lo expuesto hasta ahora, es la última opción. Para que la humanidad sobreviva defendiendo la libertad, la igualdad y la democracia, solo cabe abrazar esta última opción. En lo que sigue, desgranaré en qué consiste la opción X.

¿Por qué es inviable el decrecimiento bajo el capitalismo?

Hay formas de llegar a alcanzar el futuro X. De hecho, ya tenemos una pista: el decrecimiento.

¿Por qué el decrecimiento es una opción ineludible para superar la crisis climática? Supongo que ya conoces las razones. En el capítulo 2, aprendimos que si seguimos por la vía del crecimiento económico verde no se podrá mantener un medio ambiente en el que toda la humanidad pueda vivir. El desacoplamiento es una fantasía por muchas etiquetas verdes que se le ponga y el crecimiento económico incrementa inexorablemente la carga medioambiental. Con políticas cegadas por el crecimiento económico, no nos libraremos de la crisis ecológica global, cuya manifestación más representativa es el cambio climático.

Por eso, hace falta un nuevo razonamiento, diferente al de los keynesianistas medioambientales. Y el decrecimiento, es decir, un sistema económico que no dependa del crecimiento económico, se convierte en un serio candidato. Esta es la conclusión a la que llegan también Raworth y otros. El decrecimiento es un proyecto que pretende poner coto a los excesos del capitalismo y busca poner en marchas una economía que anteponga a las personas y naturaleza a cualquier otra consideración. Es una buena idea. Está cargada de razón.

Sin embargo, ¿es posible el decrecimiento manteniendo el sistema capitalista? Hay que pensar sobre esto seriamente.

Como iré exponiendo, no se trata de formular un cambio tibio, como el propuesto por Raworth, que ambiciona corregir el neoliberalismo, domesticar el capitalismo y lograr el decrecimiento bajo el capitalismo. La razón es que es este sistema, cuyo fin no es otro que el crecimiento económico infinito, el delincuente que está destruyendo el medio ambiente. Exacto: el capitalismo es la causa de la crisis ambiental, empezando por el cambio climático y muchos otros fenómenos.

El capitalismo es un sistema de explotación permanente de nuevos mercados para multiplicar el valor de cambio y acumular capital. En este proceso, transfiere al exterior la carga ambiental, saquea la naturaleza y al ser humano. Este proceso es, en palabras de Marx, un ejercicio «sin límite». La esencia del capitalismo es la sempiterna actividad económica para incrementar los beneficios.

Nada frena la voracidad del capitalismo. Hasta el agravamiento de la crisis ambiental, como el cambio climático, se convierte en una oportunidad de sacar tajada. Si aumentan los incendios forestales, se venden más seguros; si hay una plaga de saltamontes, se venden más insecticidas; aunque los efectos secundarios de las tecnologías de emisiones negativas carcoman la Tierra, es igualmente una oportunidad de negocio para el capital. Es el capitalismo del desastre.

De esta forma, aunque cada vez haya más gente sufriendo las consecuencias del agravamiento de la crisis, el capitalismo seguirá haciendo gala, hasta el final, de su robustísima capacidad de adaptación a cualquier situación para explotar las oportunidades de obtención de beneficios. Ni la mismísima crisis ambiental lo detendrá.

A este paso, el capitalismo hará irreconocible la faz de la tierra y la convertirá en un lugar inhabitable para el ser humano. Este es el destino final del Antropoceno.

Por eso, debemos plantarle cara, ahora y en serio, al capitalismo, que sueña con el crecimiento infinito. Si no lo detenemos con nuestras manos, este pondrá fin a la historia de la humanidad.

Como dije en el capítulo 2, las medidas contra el cambio climático deberían tener, como una de las referencias, el nivel de vida de la segunda mitad de la década de 1970. Quizá algunos objeten que, dado que, en los setenta del siglo pasado, el capitalismo también campaba a sus anchas, no resolveremos nada volviendo al capitalismo de la década de 1970.

Sin embargo, el capitalismo afrontó una crisis sistémica profunda, precisamente en aquella década. Para superarla, se introdujo a nivel mundial un nuevo conjunto de medidas políticas llamado «neoliberalismo». El neoliberalismo fomentó las privatizaciones, las desregulaciones y las políticas de austeridad; expandió los mercados financieros, impulsó el libre mercado y allanó el camino para la globalización. Era la única solución para lograr la supervivencia del capitalismo.[8]

Por eso, es imposible volver al capitalismo de la década de 1970. Pero aun en el supuesto de que se hiciera, el capitalismo, que busca la autorreplicación del capital, no podrá permanecer en ese estadio. Si se detuviera en este punto y dejase de buscar ganancias, al capitalismo le sobrevendría nuevamente una crisis sistémica y, más pronto que tarde, se reconduciría por el mismo camino y la crisis ambiental empeoraría.

Por eso, la única forma de enfrentarnos a la crisis ecológica y contener el crecimiento económico es deteniendo el capitalismo con nuestra acción y dando un giro radical al sistema para encaminarnos al poscapitalismo decrecentista.

¿Por qué sigue existiendo pobreza?

Estoy seguro de que muchos lectores sentirán rechazo hacia la idea del decrecimiento aunque se les explique por qué es una opción necesaria para superar la crisis.

Quizá muchos, al oír hablar de «decrecimiento», evoquen, por asociación, lo frugal. Acto seguido, reaccionarán pensando en que una propuesta que plantee alegremente la frugalidad como solución no pasa de ser una propuesta de ricos que ignoran el auténtico sufrimiento de los trabajadores de a pie.

Sin crecimiento macroeconómico no aumentaría el tamaño del pastel que redistribuir y la riqueza no llegaría a los pobres. Es decir, no habría efecto derrame.

En un sentido, esta crítica tiene su razón de ser. El sistema actual está diseñado sobre la premisa del crecimiento económico. En una sociedad así, si se detuviera el crecimiento, la tragedia estaría asegurada.

Sin embargo, cabría preguntarse por qué, si el capitalismo ha alcanzado este nivel de desarrollo, incluso en los países más avanzados sigue habiendo muchísima gente «pobre». ¿No es esto extraño?

Después de pagar el alquiler, el móvil, los gastos de transporte y salir a tomar algo, prácticamente el sueldo se esfuma. A la desesperada, se recortan gastos en comida, ropa y relaciones sociales. Aun así, con un salario que a duras penas es suficiente para mantener un nivel de vida básico, se contraen préstamos para estudiar o comprar una vivienda,

Figura 7. Descenso de la proporción del reparto del valor agregado al trabajo

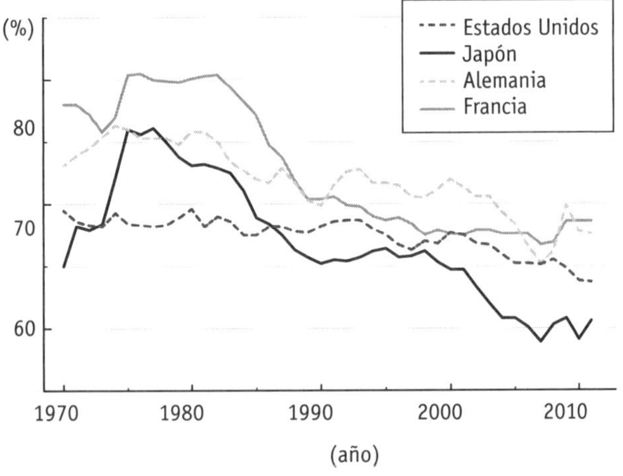

Gráfico elaborado a partir de OECD.stat.

y se sigue trabajando seriamente todos los días. ¿Acaso no es esta una vida frugal?

¿Cuánto más hay que crecer para que la gente se enriquezca? Mientras se persigue el crecimiento económico con reformas estructurales y flexibilizaciones cuantitativas «dolorosas», la proporción de valor agregado del trabajo disminuye y la brecha entre ricos y pobres no para de ensancharse (figura 7). Además, ¿hasta cuándo se pretende seguir sacrificando la naturaleza para crecer económicamente?

La excepcionalidad japonesa

La impopularidad en Japón de la propuesta decrecentista, a pesar de todas las irracionalidades que acompañan la búsqueda del crecimiento económico, tiene algunas razones particulares. El decrecimiento está fuertemente asociado a la imagen de la generación del primer *baby boom* japonés (1947-1949), que disfrutó de las mieles del milagro económico nacional tras la Segunda Guerra Mundial, pero que ahora ya solo busca terminar sus últimos años sin más preocupaciones y está pregonando un «buenismo hipócrita». Según este punto de vista, los miembros de esta generación, que aprovecharon una coyuntura económica favorable mientras estuvieron en primera línea de combate, habrían empezado a aceptar, despreocupados, que la economía japonesa vaya decayendo lentamente. Esta actitud está generando un fuerte rechazo en la generación de la llamada «era glacial del empleo», con sonados enfrentamientos —guerras simbólicas de conflictos generacionales, o de maestra-discípulo—, como el choque protagonizado entre Chizuko Uneno y Akihiro Kitada.[9]

De esta forma, en Japón, el debate decrecimiento vs. crecimiento económico, que atañe a la supervivencia de la humanidad, terminó quedando jibarizado a un mero enfrentamiento entre la generación del *baby boom*, favorecida económicamente, y la de la «era glacial el empleo», desfavorecida y en apuros. Y el decrecimiento fue quedando asociado a las políticas de austeridad.

Por otro lado, como antítesis de la propuesta decrecentista de la generación del *baby boom*, los reflacionistas y la teoría monetaria moderna (MMT, por sus siglas en inglés) se han presentado como la vanguardia mundial del pensamiento antiausteridad y están ganando adeptos entre la generación de la era glacial del empleo.

Por supuesto, la antiausteridad, que priorizó la vida de la gente a otras cuestiones, es una idea digna de alabanza. Sin embargo, hay algo de lo que adolece fatalmente el discurso antiausteridad japonés: el problema del cambio climático, que es, también, el tema principal de este libro.

Tanto para Bernie Sanders, en Estados Unidos, como para Jeremy Corbyn, en el Reino Unido, a los que me referí en el capítulo anterior, una de las ideas clave de las políticas antiausteridad era el Green New Deal. Es decir, una reforma de las infraestructuras y de los métodos de producción como medidas contra el cambio climático. Sin embargo, cuando sus medidas antiausteridad se presentaron en Japón, la perspectiva del cambio climático había desaparecido por completo. Como resultado, la antiausteridad en el debate económico japonés se ha vuelto prácticamente indistinguible de la consabida obsesión capitalista por el crecimiento económico, a través de medidas como la expansión cuantitativa o los estímulos fiscales.

La generación Z, crítica con el capitalismo

Fuera de Japón, quienes apoyaron el populismo de izquierdas de Sanders y compañía fueron los *millennials* y la generación Z, más jóvenes que los promotores de la antiausteridad en Japón. Una de las características más evidentes de los miembros de estas generaciones es su altísima conciencia medioambiental y su actitud crítica con el capitalismo. Tanto que hasta se los conoce como «generación izquierda». En efecto, en algunos sondeos de opinión se ha observado que la mayoría de la generación Z se muestra más favorable al socialismo que al capitalismo.[10]

Como se suele decir, los integrantes de la generación Z, nacidos entre la segunda mitad de la década de 1990 y el 2000, son nativos digitales que dominan las últimas tecnologías y están conectados con gente de todo el mundo. Esto está fomentando su conciencia de ciudadanos globales.

Y, sobre todo, las nuevas generaciones han crecido sintiendo en sus carnes la cada vez más profunda brecha entre ricos y pobres o la destrucción acelerada del medio ambiente como consecuencia de la desregulación y las privatizaciones de las políticas neoliberales. Se han dado cuenta de que, si se sigue practicando el capitalismo como hasta ahora, les espera un futuro sombrío en el que, encima, deberán pagar por las tropelías de los adultos. Lo saben y están desesperados y cabreados.

Por eso, la generación Z, con su conciencia de ciudadanos globales, está intentando cambiar la sociedad. Greta es uno de sus arquetipos. En efecto, la generación Z acepta y apoya con sinceridad una personalidad singular como la suya, como parte de la diversidad propia de la generación.

Es posible que a los defensores japoneses de la antiausteridad les cueste comprender intuitivamente esta sensibilidad. Sin embargo, son la generación Z y los *millennials* quienes constituyen el apoyo más entusiasta del populismo de izquierda.

Por eso, la antiausteridad de Sanders o Corbyn no recurrió al argumento de la redistribución por la vía del crecimiento económico y la creación de empleo. Estos, en cambio, optaron por el anticapitalismo. Si hubieran enfilado por la senda del crecimiento económico, habrían sido criticados duramente por los *millennials* y la generación Z, y habrían perdido inmediatamente su apoyo por estar bailándoles el agua a los defensores del crecimiento económico verde, centrado en los negocios, de Thomas Friedman y los de su cuerda.[11]

Esta diferencia de posicionamiento respecto al cambio climático y al capitalismo está influyendo también en el discurso del decrecimiento, tanto en Japón como en Europa y Estados Unidos. En estos últimos están surgiendo corrientes de opinión que reclaman la superación del sistema capitalista aprovechando las medidas contra el cambio climático. Entre estas, el decrecimiento está comenzando a destacar como la teoría de las nuevas generaciones.

La política japonesa se queda rezagada

Frente a lo que ocurre en Europa o en Estados Unidos, en Japón, donde existe poco interés por los problemas del cambio climático, el decrecimiento está asociado a la generación del *baby boom* y a los 30 años perdidos. Es decir, existe una percepción generalizada y bastante asentada acerca del decrecimiento como una idea de otra generación, algo desfasada. Como consecuencia de ello, a pesar de que en el resto del mundo está comenzando a florecer una nueva teoría decrecentista, en Japón es completamente desconocida.[12]

A este paso, Japón se quedará al margen de una tendencia mundial. El mayor perjuicio que se sufrirá con este retraso será una aún más notable contracción del espectro político que padece la sociedad japonesa.

Se comprenderá mejor este problema considerando la economía mundial en su conjunto. Mientras la economía crecía y sus frutos se repartían entre muchos, la gente se sentía satisfecha y la sociedad era estable. Sin embargo, ahora se está complicando el crecimiento económico, la brecha económica no para de crecer y los problemas medioambientales se están agudizando. Este es el retrato del Antropoceno.

Precisamente por eso están empezando a destacar, en distintos países de todo el mundo, los movimientos ecologistas revolucionarios que apuestan por las acciones directas. Los integrantes del Extinction Rebellion en el Reino Unido, o el Sunrise Movement en Estados Unidos, no temen siquiera ser detenidos por las autoridades y organizan acciones directas de ocupación y movimientos de protesta. A ellos se unieron estudiantes, estrellas de Hollywood, medallistas olímpicos y todo tipo de personas. Sus voces están disputando la legitimidad de la clase dominante y alumbrando nuevas posibilidades políticas. Estos movimientos albergan en su seno el potencial, incluso, de superar el capitalismo.

Ante esta situación, si la izquierda liberal japonesa diera la espalda al agravamiento del cambio climático y volviera a la senda del crecimiento económico, al final los defensores de la antiausteridad no pasarían del keynesianismo medioambiental y acabarían funcionando como mecanismos estabilizadores del capitalismo.

En plena emergencia climática, las puertas de acceso a políticas innovadoras y audaces deberían estar abiertas. A pesar de ello, en vez de dar rienda suelta a la creatividad para imaginar otra sociedad, Japón se está volviendo a decantar por el mismo crecimiento económico que originó la destrucción del medio ambiente.

Como sigamos así, en pocos decenios el nuestro será el único país que continúe emitiendo grandes cantidades de CO_2 y, en el futuro, será tratado como una nación de tercera por los países gobernados por la «generación izquierda».

El límite de una teoría obsoleta del decrecimiento

¿Por qué la vieja teoría del decrecimiento no sirve? Porque aunque aparenta ser crítica con el capitalismo, en el fondo, lo está abrazando. Plantear el decrecimiento en el marco del capitalismo es condenarlo a su fagocitación por una imagen negativa asociada a conceptos como «estancamiento» o «debilitamiento».

Este límite está relacionado con el contexto histórico en el que se comenzó a difundir la vieja teoría del decrecimiento: la desintegración de la URSS. Como afirma el francés Serge Latouche —mundialmente conocido como miembro de la primera generación de decrecentistas—, tras el colapso de la URSS, el marxismo degeneró en una utopía de quienes sueñan con un «imposible retorno al pasado».[13] En ese contexto, cabría entender aquella propuesta decrecentista como un intento de refundación de la izquierda liberal.

Se podría decir aún más: la vieja teoría del decrecimiento, representada por Latouche, buscaba una contrapropuesta que no fuera ni de derechas ni de izquierdas, sobre la base de que la naturaleza es un asunto de interés universal y transversal, ni progresista ni conservador, ni de ricos ni de pobres. Esta es la razón por la que la superación del capitalismo no está entre los objetivos de la vieja generación de decrecentistas. Es más, sienten aversión por contextualizar el debate en esos términos.

La teoría japonesa del decrecimiento optimista

Sucede que los japoneses defensores del decrecimiento tampoco están buscando dejar atrás el capitalismo. Por ejemplo, Yoshinori Hirai, que contribuyó en gran medida a difundir en Japón el concepto de «sociedad estacionaria», la define como un «estado/sociedad del bienestar sostenible». Dice:

> En la sociedad estacionaria que propongo no se niega por completo la economía de mercado o la búsqueda del interés particular. Dicho de otro modo: no es sociedad estacionaria = sistema económico socialista (comunista) [...], sino que se trata de un concepto acerca de una sociedad que habría superado las tradicionales dicotomías «capitalismo vs. socialismo» o «libertad vs. igualdad».[14]

Asimismo, el socioeconomista Keishi Saeki, tras afirmar que «ni siquiera existe una vía de escape llamada "socialismo"», y rechazar opciones similares, dice lo siguiente:

En medio de esta competición económica y por crecer sin parar, si las autoridades monetarias optaran por suministrar un exceso de liquidez a la economía con el fin de acelerar el crecimiento, el sistema financiero se volvería cada vez más inestable y terminará en un pinchazo de la burbuja. [...] El decrecimiento es prácticamente la única solución para mantener a la larga la estabilidad del capitalismo.[15]

Según estos autores, se puede detener el crecimiento del capital manteniendo la economía de mercado capitalista. Un capitalismo excesivamente voraz es un problema, pero tampoco se debe incurrir en un sistema socialista tras haber presenciado el colapso de la URSS. Domestiquemos el fundamentalismo de mercado neoliberal con políticas socialdemócratas del estado de bienestar. Agreguemos a estas ideas el concepto de «sostenibilidad». Así se podrá —dicen— lograr el tránsito al decrecimiento y a la sociedad estacionaria.

Si esto fuera así, no habría necesidad de plantear ningún cambio en las estructuras fundamentales del trabajo asalariado, la relación de capital, la propiedad privada o la competencia por las ganancias. En las ya maduras sociedades avanzadas de los países desarrollados, saturadas de consumo material, bastaría con optimizar el diseño del sistema y la asignación de incentivos. De esta forma, finalmente —concluyen—, la gente terminará participando voluntaria y activamente en distintas y variadas actividades sociales y de interés público que no busquen únicamente la consecución de ganancias en el mercado.

Un nuevo punto de partida para la teoría decrecentista

Sin embargo, ¿se justifica en realidad tanto optimismo? Esta duda es, precisamente, el punto de partida del nuevo decrecentismo. La URSS ya no puede ser una referencia, eso está claro. Pero tampoco cabe la conciliación entre el capitalismo y el decrecimiento. El capitalismo hay que combatirlo. Este es el posicionamiento básico de la nueva propuesta decrecentista.

Para explicar mejor esto, quiero presentar el discurso de Slavoj Žižek, filósofo marxista esloveno. Su crítica a la postura de Stiglitz es aplicable también a la vieja teoría del decrecimiento.

El premio Nobel de economía Joseph E. Stiglitz es conocido por sus duras críticas contra los excesos de la globalización, el desigual reparto de la riqueza o la dominación de los mercados por las grandes corporaciones. Lo que Žižek considera un problema es la solución que propone Stiglitz: el capitalismo progresista.

Stiglitz censura la fe en el mercado libre y afirma que para hacer realidad una sociedad capitalista justa son necesarias medidas, como la subida de salarios, mayores gravámenes para los ricos y las grandes corporaciones, o un mayor rigor en el control de los monopolios.[16] Cree que modificando leyes y políticas, a través de votaciones democráticas, se podrá lograr un capitalismo progresista que recupere el crecimiento económico y convierta a todo el mundo en clase media rica.

Sin embargo, Žižek duda de que solo con cambiar leyes y políticas se pueda llegar a embridar el capitalismo. De entrada, si esas medidas de mayores impuestos de sociedades o ampliaciones de la protección social fueran tan fáciles y efectivas, se hubieran aplicado hace tiempo. Cuando, en la década de 1970, cayó la tasa de beneficio, el capitalismo se enfrentó a una grave crisis existencial, pero se deshizo de todo tipo de regulaciones y consiguió que se bajaran los tipos impositivos. En tal caso, si se reforzaran las restricciones a los niveles de aquellos años o se impusieran otros todavía más estrictos, ¿no colapsaría el sistema capitalista? Es imposible que el capitalismo acepte estas medidas y claudique tan fácilmente. Se revolvería como gato panza arriba, como hizo en su día.

Es decir, Stiglitz está oponiendo su idea del «capitalismo verdadero», una visión de futuro más justa, a lo que él considera el «capitalismo falso», hoy imperante; pero de lo que quizá esté adoleciendo su planteamiento es de la posibilidad de que tal vez la era dorada del capitalismo, desde el final de la Segunda Guerra Mundial hasta la década de 1970, que él parece admirar, fuera el capitalismo falso, o sea, la excepción; y que el capitalismo falso que él censura sea, en realidad, el auténtico capitalismo.

En este sentido, ¿no sería la reforma por la que aboga Stiglitz irrealizable porque, sencillamente, es incompatible con el mantenimiento del capitalismo? Defender seriamente una reforma para seguir sosteniendo el capitalismo convierte a Stiglitz en un auténtico utópico.[17]

El capitalismo decrecentista es una quimera

La etiqueta de «utópico» se podría aplicar igualmente a quienes proponen una transición hacia la sociedad decrecentista dentro del marco capitalista. Y es que, por la misma definición del capital, el capitalismo y el decrecimiento son incompatibles.

El capital es un ejercicio eterno de multiplicación del valor de cambio. Se invierte y reinvierte el capital, se genera valor de cambio a través de la producción de bienes y servicios, se incrementan las ganancias y se amplía el capital. Para la consecución de los objetivos del capitalismo se emplea la fuerza de trabajo y los recursos del mundo entero, se exploran y explotan nuevos mercados, y no se deja escapar ninguna oportunidad de negocio por pequeña que sea.

Sin embargo, la colonización del mundo por el capitalismo ha destruido la vida de las personas y su medio ambiente. Por eso, el decrecimiento propone frenar este ejercicio de excesos del capital y contener su avance.

Tal vez digan los viejos decrecentistas: «Resolvamos las contradicciones del capitalismo, su externalización y su transferencia. Acabemos con el expolio y el saqueo. Dejemos de priorizar los beneficios empresariales y centrémonos en la felicidad de los trabajadores y consumidores. Reduzcamos el tamaño de los mercados hasta niveles sostenibles».

No dudo que a algunos este capitalismo decrecentista les pueda sonar bien. El problema es que la búsqueda de beneficios, la ampliación de los mercados, la externalización, la transferencia, la explotación de la fuerza de trabajo y el saqueo de la naturaleza constituyen la esencia del capitalismo. Abjurar de todo lo anterior y echar el freno significa, en la práctica, abandonar el capitalismo.

Es decir, soñar con mantener el capitalismo despojándolo de sus características esenciales —un crecimiento económico basado en la obtención de beneficios— es como pretender dibujar un círculo con tres ángulos: una auténtica utopía. Este es el límite de la vieja teoría del decrecimiento.

¿Los 30 años perdidos fueron decrecentistas?

Reflexionemos ahora, un poco más en detalle, sobre la posibilidad del decrecimiento bajo el capitalismo, tomando como ejemplo la sociedad japonesa.

El decrecimiento en un sistema capitalista, mientras se sigue teniendo como objetivo el crecimiento, se asemejaría a lo sucedido en los llamados «30 años perdidos» de Japón. En efecto, Hirai afirma que «Japón se halla en la posición de liderar un nuevo modelo de riqueza de las sociedades maduras».[18]

Pero nada hay peor para el capitalismo que no poder crecer. Cuando el crecimiento se detiene en el capitalismo, las empresas buscan aún con más ahínco los beneficios. En un juego de suma cero, se recorta el salario de los trabajadores, se acometen restructuraciones y se precariza el empleo para reducir costes. A nivel nacional, la brecha social aumentará y, a nivel internacional, el expolio del Sur global se volverá aún más violento.

De hecho, en Japón ha descendido la proporción del reparto del valor agregado al trabajo y ha aumentado la desigualdad entre ricos y pobres. También son notorios los problemas de explotación laboral en las llamadas «empresas negras».

El pastel se hace más pequeño y aumenta la precariedad laboral. La gente compite a cara de perro para sobrevivir. Como refleja la popularización de los términos «ciudadanos de primera» y «ciudadanos de segunda», la fragmentación social está causando mucho dolor entre la gente.

El verdadero significado del decrecimiento

La trágica situación de la sociedad japonesa nos ofrece una lección importante: no debemos confundir y mezclar el estancamiento secular y la recesión por la pandemia de la COVID-19 con la sociedad estacionaria o el decrecimiento.

El objetivo principal del decrecimiento no es la reducción del PIB. Este malentendido es bastante común. Por esta vía, el debate termina siempre encallando en la misma discusión en torno al valor del PIB.

Se suponía y se esperaba que el crecimiento económico trajera prosperidad. Las sociedades, por consiguiente, buscaron incrementar el PIB. Sin embargo, esa prosperidad no ha llegado para todo el mundo.

Por eso, el decrecimiento como antítesis no se refleja necesariamente en el PIB. Se trata de poner el énfasis en la prosperidad de las personas y en la calidad de su vida. Es cambiar la cantidad (crecimiento) por la calidad (desarrollo). Es un proyecto a gran escala para cambiar el sistema actual por un modelo económico que, al tiempo que presta atención a los límites planetarios, reduzca la desigualdad económica, amplíe la protección social y aumente el tiempo libre.

Por lo tanto, estar construyendo centrales eléctricas de carbón, como ocurre en Japón, no es decrecimiento. Aunque no haya crecimiento económico, si la brecha entre ricos y pobres aumenta, tampoco es decrecimiento. Aunque se reduzca la producción, si crece el nivel de desempleo, estaríamos muy lejos del aumento del tiempo libre. Lo que se debe reducir son los SUV, la carne de ternera o la *fast fashion*, y no la educación, la seguridad social o el arte.

En definitiva, muy al contrario del diagnóstico de Hirai, la sociedad japonesa dista mucho de estar en la posición de liderar ningún decrecimiento. La situación de Japón es puro y simple estancamiento secular.

¡Una teoría decrecentista libre, igualitaria y justa!

El objetivo del decrecimiento es la igualdad y la sostenibilidad. Frente a esto, el estancamiento secular capitalista trae desigualdad, pobreza y exacerba la competencia entre los individuos.

La sociedad japonesa moderna está permanentemente amenazada por la competencia y nadie parece tener margen para tender su mano a los desfavorecidos. A los sintecho ni siquiera se los acoge en los refugios cuando llegan tifones; sin dinero, la gente queda despojada de los derechos humanos más elementales y socorrerse mutuamente es difícil cuando la vida es una competencia continua.

Por todo eso, si de verdad se quiere logar una sociedad en la que la gente se ayude y la igualdad sea real, es necesario intervenir con más contundencia en los problemas de las clases sociales, del dinero o del mercado. No se puede lograr la transición hacia el decrecimiento y la economía estacionaria con leyes y políticas que promuevan la redistribución o la sostenibilidad mientras se mantiene intacta la esencia del capitalismo.

Pero ni siquiera gente de la talla de Raworth da el paso definitivo. Según ella, las claves para hacer realidad la economía del dónut son «la población, la redistribución, el deseo de bienes materiales, la tecnología y la gobernanza».[19] Sin embargo, no considera como problemas esenciales la producción, los mercados o las clases sociales; es decir, el modo de producción capitalista.

¿Acaso es posible frenar el capitalismo y remozarlo en un sistema sostenible renunciando a afrontar los problemas de la propiedad privada o de las clases sociales? Esa renuncia equivale a claudicar ante la fuerza del capital para perpetuar las desigualdades y la falta de libertades del capitalismo.

Al final, por muy bien que suene el capitalismo decrecentista, no deja de ser una utopía irrealizable. Por eso, no encaja en ninguna de las «4 opciones de futuro» (véase figura 6, p. 94). La X no es capitalismo decrecentista.

Si se quiere aspirar al decrecimiento, las propuestas de capitalismo ecléctico son insuficientes. Son necesarios planteamientos teóricos y prácticos mucho más exigentes. En esta encrucijada de la historia, debemos combatir el capitalismo con firmeza y resolución.

Debemos reformar radicalmente el trabajo, acabar con la explotación y con la dominación de clase y articular una sociedad libre, igualitaria y justa: esta es la auténtica teoría decrecentista del Antropoceno.

La resurrección de Marx en el Antropoceno

Un repaso de la historia nos enseña que es ilusorio creer que el capitalismo en su estado actual de maduración vaya a aceptar sin más un crecimiento bajo o incluso uno nulo y comience a transitar naturalmente hacia la economía estacionaria. Más bien, lo que cabe esperar en una era de bajo crecimiento es una radicalización del imperialismo ecológico o la deriva al fascismo climático.

Todo eso vendrá de la mano del capitalismo del desastre, consecuencia de los problemas derivados del cambio climático. Sin un cambio de rumbo, el medio ambiente terrestre no hará sino empeorar, el ser humano perderá el control de la situación y la sociedad volverá a la barbarie. Sería el aterrizaje forzoso de la era del bajo crecimiento,[20] una situación que querríamos evitar a toda costa.

Para evitar este aterrizaje forzoso del Antropoceno, son necesarias la teoría y la práctica de una crítica clara y precisa del capitalismo y la demanda expresa de una transición activa hacia la sociedad decrecentista. No caben ya las medias tintas; no queda margen para estar mareando la perdiz con soluciones ambiguas, incompletas y mediocres. Para ello, la teoría decrecentista del Antropoceno debe basarse en una crítica mucho más radical del capitalismo. Exacto: comunismo.

Y así, finalmente, emerge la necesidad de integrar a Karl Marx con el decrecimiento.

Estoy seguro de que a muchos lectores les chirriará sobremanera, no solo que saque a colación a Marx, sino que proponga su integración con el decrecimiento. Objetarán que los marxistas solo hablan de la lucha de clases y no dicen nada acerca del cambio climático. En efecto, la URSS, obcecada con el crecimiento económico, destruyó el medio ambiente. ¿No son el marxismo y el decrecimiento como el agua y el aceite?

Pero, como iré desgranando a partir del capítulo siguiente, esto no es así.

Vamos a despertar a Marx del letargo. Seguro que responderá entusiasmado a la llamada del Antropoceno.

Capítulo 4

Marx en el Antropoceno

La rehabilitación de Marx

La emergencia climática del Antropoceno reclama una crítica del capitalismo y una propuesta de futuro poscapitalista. Pero ¿por qué Marx a estas alturas?

En general, el marxismo está fuertemente asociado a la imagen de la dictadura del partido único de los comunistas de la URSS o de China y a la nacionalización de todos los medios de producción. Por eso, al oír hablar de Marx, no pocos lectores sentirán que es algo trasnochado e incluso peligroso.

En efecto, el marxismo en Japón está en horas bajas como consecuencia del colapso de la URSS. En la actualidad, son muy pocos los que, aun siendo de izquierdas, defienden abiertamente a Marx y tratan de aprovechar su sabiduría.

Sin embargo, en los últimos años fuera de Japón, las ideas de Marx están volviendo a ser objeto de atención. A medida que las contradicciones del capitalismo se hacen más profundas, el sentido común que dictaba que el capitalismo es la única opción está empezando a ser cuestionado.

Como se dijo antes, existen datos de sondeos de opinión que indican que entre los jóvenes de Estados Unidos, una mayoría siente predilección por el socialismo en detrimento del capitalismo.

A partir de aquí, trataré de aclarar cómo Marx analizaría la crisis ambiental del Antropoceno e iré sugiriendo algunas pistas para alcanzar soluciones diferentes al keynesianismo medioambiental.

Por supuesto, no voy a redundar en una interpretación apolillada de Marx. Propondré una nueva perspectiva del pensamiento de Marx en el Antropoceno, recurriendo también a documentos nuevos.

Una tercera vía llamada lo «común»

Uno de los conceptos clave para la reinterpretación de Marx en los últimos años es el concepto de lo «común», o del «bien común». Lo común hace referencia a los bienes que deben ser socialmente compartidos y administrados. Se trata de un concepto propuesto por dos marxistas en las postrimerías del siglo XX, Antonio Negri y Michael Hardt, en su obra *Imperio*, que alcanzó notoriedad.[1]

Se puede afirmar que lo común es la llave que abre una tercera vía entre los dos polos opuestos del liberalismo norteamericano y el colectivismo soviético. Es decir, ni se trata de mercantilizarlo todo, como ocurre bajo el fundamentalismo de mercado, ni de nacionalizarlo todo, como sucede en el socialismo de corte soviético. Lo común, como tercera vía, consiste en tomar como bienes compartidos el agua, la electricidad, la vivienda, la sanidad o la educación y gestionarlos democráticamente entre la gente.

Se puede trazar un paralelismo con el concepto, más popular en Japón, de «capital común social», de Hirofumi Uzawa. El razonamiento de Uzawa fue el siguiente: para que la gente pueda vivir en una sociedad rica y prosperar, es necesario satisfacer una serie de requisitos: el medio ambiente natural, como el agua o el suelo; las infraestructuras sociales, como la electricidad o los medios de transporte; y los sistemas sociales, como la educación o la sanidad. Considerar todo ello como bienes compartidos, o comunes, de toda la sociedad, y administrarlos y operar con ellos socialmente sin recurrir a normas estatales o criterios de mercado.[2] Esta es también, en esencia, la idea de lo común.

Pero a diferencia del capital social común, en lo común se concede más peso a la participación ciudadana en la cogestión democrática y horizontal, sin delegar su manejo en manos de expertos. Y se distingue definitivamente del capital social común en que su fin último es la superación del capitalismo a través de la ampliación progresiva de los límites de lo común.

Gestionar la Tierra como lo común

En realidad, el comunismo no era para Marx la dictadura de partido único o la nacionalización de la producción, como ocurrió en la URSS. Para él, el comunismo hacía referencia a una sociedad en la que los productores coadministran y cooperan los medios de producción bajo la consideración de estos como «bienes comunes».

Es más, describía como comunismo una sociedad en la que la gente gestionara no solo los medios de producción, sino la Tierra como parte de lo común.

De hecho, en un famoso pasaje en la última parte del primer volumen de *El capital*, conocido como la «negación de la negación» —donde ilustra la llegada del comunismo a través del «saqueo del saqueador»—, Marx afirma lo siguiente:

> Es la negación de la negación. Esta restaura la propiedad individual, pero sobre el fundamento de la conquista alcanzada por la era capitalista: la cooperación de trabajadores libres y su propiedad colectiva sobre la tierra y sobre los medios de producción producidos por el trabajo mismo [poseerlos como lo común].[3]

Voy a explicar brevemente qué significa «negación de la negación». La primera «negación» hace referencia al trabajo de los productores a las órdenes del capitalista, desgajado de los medios de producción considerados lo común; pero en la segunda «negación» («negación de la negación») los trabajadores desmontan el monopolio del capitalista ¡y recuperan la Tierra y los medios de producción como lo común!

Sin duda, este es aún un esquema muy abstracto. Sin embargo, la propuesta de Marx es clara: derrocar al capitalismo que arruina la Tierra en su búsqueda infinita de la multiplicación del valor de cambio con comunismo; después, cogestionar la Tierra entre todos como lo común.

El comunismo reconstruye lo común

Este posicionamiento, que concede gran importancia a la propuesta básica de Marx acerca de lo común, ha sido ampliamente compartido, más allá de Negri y Hardt. Por ejemplo, Žižek también afirma la necesidad del comunismo haciendo referencia a la idea de lo común.

Según Žižek, bajo el capitalismo global se está produciendo un acoso a los cuatro bienes comunes o *commons* —cultura, naturaleza exterior, naturaleza interior y seres humanos— de un modo hostil a las personas. En esta coyuntura, «la legitimación de la resurrección del concepto "comunismo" [...] se debería basar en los *commons*», dice Žižek.[4]

Para Žižek, el comunismo no es sino el intento de reconstrucción consciente de lo común —el conocimiento, la naturaleza, los derechos humanos, la sociedad, etc.— desguazado por el capitalismo.

Aunque no es algo muy conocido, Marx se refería como «asociación» a las sociedades en las que se hubiera reestablecido lo común. En sus esbozos de la sociedad futura, Marx apenas utilizó términos como «comunismo» o «socialismo». En cambio, empleaba la expresión «asociación». Es la ayuda mutua voluntaria (asociación) de los trabajadores la que hará realidad lo común.

Las asociaciones son el origen de la seguridad social

Lo común, en este sentido, no es una exigencia nueva que haya surgido en el siglo XXI. Los servicios que comprende la seguridad social, a cargo de los Estados en la actualidad, tienen su origen en lo común que la gente fue conformando a través de la asociación.

Es decir, el origen de los beneficios de la seguridad social se remonta a los diversos intentos de autogestión de todo aquello necesario para la vida cotidiana, sin delegarlo al mercado. Por lo tanto, la seguridad social no es sino la sistematización de aquellos intentos bajo el estado del bienestar del siglo XX.

Sobre este punto, David Graeber, antropólogo cultural de la London School of Economics, afirma lo siguiente:

> En Europa, prácticamente todos los sistemas principales que constituyen los estados del bienestar posteriores —seguridad social, pensión, bibliotecas públicas, sanidad pública, etc.— tienen su origen no en otros Gobiernos estatales, sino en sindicatos, asociaciones de vecinos, cooperativas, partidos de clase obrera y en todo tipo de organizaciones, muchas de ellas participantes en proyectos conscientes y revolucionarios para la «construcción de una sociedad nueva dentro de una piel vieja»; es decir, implicadas en proyectos de conformación gradual, y desde abajo, de sistemas de tipo socialista.[5]

De acuerdo con Graeber, el estado del bienestar fue una de las formas de sistematización, bajo el capitalismo, de lo común, producto de la asociación. Sin embargo, a partir de la década de 1980, las políticas de austeridad propiciadas por el neoliberalismo desintegraron o debilitaron seriamente las asociaciones, como los sindicatos o la sanidad pública, y lo común fue engullido por el mercado.

En esta situación, tratar simplemente de restaurar el estado del bienestar sería una medida insuficiente contra el neoliberalismo. La vía del estado del bienestar, cuyas premisas son unos elevados niveles de crecimiento económico o el mantenimiento de las diferencias Norte-Sur, es ya ineficaz en esta era de crisis ecológica, y está condenada a terminar degenerando en un keynesianismo medioambiental nacionalista. El peligro de la deriva al fascismo climático (véase p. 94) va de la mano.

Además, el marco del Estado-nación es insuficiente para afrontar la actual emergencia ambiental global. La gestión jerárquica, o vertical, característica de los estados del bienestar, es incompatible con la horizontalidad de lo común.

Es decir, no se trata simplemente de colmar de riquezas la vida de la gente, sino de tantear nuevos caminos a través de los que recuperar, de las garras de la mercantilización del capitalismo, la Tierra como lo común sostenible.

Para ello, se requiere una perspectiva amplia e integradora. Precisamente por eso se necesita una nueva interpretación de Marx en esta era de crisis ambiental llamada Antropoceno.

El proyecto MEGA

Algunos se preguntarán cómo es posible una nueva interpretación de Marx en el siglo XXI. ¿No nos estará vendiendo una vieja mercancía en un nuevo envoltorio? En efecto, esa clase de libros abundan.

Sin embargo, el caso es que recientemente se ha puesto en marcha un proyecto editorial internacional para la publicación de las *Obras completas de Marx y Engels*, o MEGA (*Marx-Engels-Gesamtausgabe*), con la participación de investigadores de todo el mundo, incluyendo a japoneses como yo. Se trata de un proyecto de dimensiones colosales, que prevé la publicación de más de cien volúmenes.

Por su parte, las *Obras completas de Marx y Engels* (Editorial Otsuki Shoten) que se pueden leer en japonés no son unas obras completas propiamente dichas. Existen borradores de *El capital*, así como ingentes cantidades de artículos de prensa y cartas escritos por Marx. Estrictamente hablando, la edición de Otsuki Shoten es una «colección de escritos».

Frente a esto, el propósito de MEGA es abarcar, editar y publicar absolutamente todos los escritos de Marx y Engels, incluyendo material inédito.

Entre el material inédito más interesante se encuentran los cuadernos de investigación de Marx. Marx tenía la costumbre de elaborar cuadernos de extractos muy precisos cuando acometía un trabajo de investigación. En su vida de exiliado, con pocos recursos, se pasaba los días en la sala de lectura del Museo Británico elaborando detallados resúmenes de todos los libros que iba leyendo.

La cantidad de cuadernos que elaboró a lo largo de su vida es inmensa, y en ellos constan ideas y reflexiones que finalmente no se incluyeron en *El capital*. En este sentido, se trata de un material realmente valioso.

Sin embargo, hasta ahora, estos cuadernos habían estado clasificados como simples extractos e ignorados por los investigadores y, por supuesto, no publicados. Estos cuadernos ven ahora la luz gracias al esfuerzo de investigadores de todo el mundo, entre los que me encuentro, como la Sección IV de MEGA, en un total de 32 volúmenes.

Lo que MEGA permitirá será una nueva interpretación de *El capital*, diferente por completo de la generalmente aceptada. La lectura cuidadosa de los cuadernos manuscritos de Marx, de muy mala letra, permite arrojar una nueva luz sobre *El capital*, y esta constituirá una nueva arma valiosísima para afrontar la crisis ecológica de nuestro tiempo.

El determinismo de las fuerzas productivas
del joven Marx

Pero no nos precipitemos. Antes de continuar, resumiré, a modo de repaso, lo que generalmente se ha difundido como marxismo. Probablemente, la mayoría entienda algo así: con el desarrollo del capitalismo, los trabajadores comienzan a ser explotados brutalmente por los capitalistas y se acentúan las diferencias de clase. Los capitalistas se lanzan a competir, aumentan la capacidad de producción y producen cada vez más mercancías. Sin embargo, los trabajadores, explotados a cambio de sueldos irrisorios, no pueden comprar esas mercancías que ellos mismos producen. Como consecuencia, la sobreproducción termina originando una crisis económica. La pérdida de empleo de los trabajadores a causa de la crisis empobrece aún más a la masa obrera, que se une y alza contra el capitalista, dando lugar a la revolución socialista. Al final, los trabajadores son liberados de la opresión.

Este sería un resumen muy esquemático de lo fundamental del *Manifiesto comunista* (1848) de Marx y Engels.

El aún joven Marx, por aquel entonces, albergaba una visión optimista según la cual, tarde o temprano, el capitalismo sería superado mediante la revolución socialista a la que daría lugar una crisis económica. Creía que el desarrollo del propio capitalismo pondría a punto la revolución mediante el aumento de las fuerzas productivas y la crisis que originaría la sobreproducción. Precisamente por eso, hasta creyó necesario promover el desarrollo de las fuerzas productivas capitalistas como vía para la instauración del socialismo. Es la idea conocida como «determinismo de las fuerzas productivas».

Sin embargo, las revoluciones de 1848 terminaron fracasando y el capitalismo recuperó el aliento. Lo mismo sucedió tras el Pánico de 1857. Frente a la evidencia de la solidez del capitalismo, que salía airoso de una crisis tras otra, Marx comienza a revisar su postura.

Y será a partir de *El capital*, publicado unos veinte años después de la aparición del *Manifiesto comunista*, cuando comience a desarrollar sus nuevas ideas. Por eso, por mucho que el *Manifiesto comunista* sea fácil de entender, solo con su lectura no se puede dar por comprendida la teoría de Marx.

El capital inacabado y el cambio radical del último Marx

Por supuesto, los investigadores han estudiado con mucho rigor *El capital*. Sin embargo, lo que dificulta conocerlo en su plenitud es que el propio Marx no pudo desarrollar con la suficiente concreción las ideas que fue elaborando en su última etapa, ni siquiera en *El capital*.

El caso es que el tomo I de *El capital* lo redactó íntegro el propio Marx y se publicó en 1867; pero a Marx le faltó completar la redacción de los tomos II y III. Estos últimos dos tomos de *El capital* publicados hasta ahora, y que se siguen leyendo en la actualidad, no son sino versiones completadas por su amigo Engels basándose en escritos póstumos de Marx. Debido a ello, las diferencias de opinión entre Marx y Engels han distorsionado, en la fase de redacción, las reflexiones de la última etapa de Marx, y no son pocos los pasajes que resultan abstrusos.

La razón es que la crítica de Marx al capitalismo se siguió desarrollando y profundizando después de la publicación del tomo I y, durante la ardua preparación de su continuación, a partir de 1868, se obró un gran cambio en su teoría.

Y es el pensamiento de esta última etapa de Marx el que constituye una aportación clave para sobrevivir a la crisis climática del Antropoceno.

Sin embargo, ese gran cambio no se detecta en los tomos publicados de *El capital*. Engels, con su empeño en enfatizar el carácter sistemático de *El capital*, terminó oscureciendo la parte inacabada de la obra. Es decir, las partes que a Marx más esfuerzo teórico le supusieron, menos claras resultan.

En consecuencia, las ideas de la última etapa de Marx las conocen solo unos pocos especialistas dedicados a analizar sus cuadernos de investigación. Debido a ello, Marx sigue estando enormemente malinterpretado, incluso por los propios estudiosos de Marx y muchos marxistas declarados.

No sería exagerado decir que esta malinterpretación distorsionó sobremanera su pensamiento, terminó alumbrando un monstruo llamado «estalinismo» y se convirtió en la causa que ha conducido a la humanidad al borde del precipicio con la gravísima crisis climática. Ha llegado la hora de aclarar este malentendido.

La naturaleza de la visión de la historia como progreso: el determinismo de las fuerzas productivas y el eurocentrismo

¿Qué es lo que se malinterpretó? Dicho escuetamente, el supuesto optimismo de Marx según el cual «la modernización que procurará el capitalismo liberará finalmente a la humanidad». Se trata de una idea que se observa, típicamente, en el *Manifiesto comunista*.

Era lo que pensaba Marx en la época del *Manifiesto comunista*. Es probable que, por un lado, el capitalismo empobrezca temporalmente a los trabajadores o destruya el medio ambiente; pero, por otro, dará lugar a innovaciones, gracias al fomento de la competencia, y aumentará la capacidad productiva. Este aumento de la productividad sentará las bases de una sociedad futura en la que todos dispongan de riqueza y libertad.

Llamaremos a esta perspectiva, la «visión de la historia como progreso». De acuerdo con la interpretación más difundida de Marx, este sería el pensador arquetípico de la visión de la historia como progreso.

La visión de la historia como progreso de Marx presenta dos características: el determinismo de las fuerzas productivas y el eurocentrismo.

El determinismo de las fuerzas productivas supone buscar sin descanso el aumento de la capacidad de producción bajo el capitalismo. El incremento de la productividad solventaría los problemas de la pobreza, así como los medioambientales, y, finalmente, liberará a la humanidad. Es una apología de la modernización.

Se observa aquí una visión unilineal de la historia. Es decir, «Europa occidental, con una alta capacidad de producción, se halla en un lugar más adelantado de la historia. Por eso, el resto de las regiones deberán avanzar en la modernización bajo el capitalismo, a semejanza de la Europa occidental». Esta idea sería el eurocentrismo.

De esta forma, en la visión de la historia como progreso, unilineal, el determinismo de las fuerzas productivas y el eurocentrismo están íntimamente relacionados.

Sin embargo, esta visión de la historia como progreso —en esencia, el materialismo histórico— ha sido muy criticada. ¿Por qué es problemática? Lo analizaremos en detalle empezando por el determinismo de las fuerzas productivas.

Los problemas del determinismo de las fuerzas productivas

El determinismo de las fuerzas productivas ignora por completo los efectos destructivos de la producción sobre el medio ambiente y persigue el dominio de la naturaleza para la liberación de la humanidad. Como consecuencia, desde esta perspectiva se minusvalora el evidente papel del incremento de la capacidad productiva como la causa de la crisis climática.

Por culpa del determinismo de las fuerzas productivas, en la segunda mitad del siglo XX el marxismo se convirtió en el blanco de sucesivas críticas de los movimientos ecologistas.

Por supuesto, Marx es también responsable de ellas. Entre otras cosas porque en un famoso pasaje del *Manifiesto comunista* dice lo siguiente:

> En su dominio de clase, que cuenta apenas con un siglo de existencia, la burguesía ha creado fuerzas productivas más masivas y colosales que todas las generaciones pasadas juntas. Sometimiento de las fuerzas de la naturaleza, maquinaria, aplicación de la química a la industria y a la agricultura, navegación de vapor, ferrocarriles, telégrafos eléctricos, roturación de continentes enteros, apertura de los ríos a la navegación, poblaciones enteras como surgidas de la tierra — ¿qué siglo anterior

pudo sospechar siquiera que tales fuerzas productivas dormitaran en el seno del trabajo social?[6]

Si se tomara solo esta declaración, no resulta extraña la crítica. Muchos pensarán que Marx aplaudió sinceramente el desarrollo de las fuerzas productivas alcanzado por el avance del capitalismo, y que creía que una mayor productividad brindaría las condiciones necesarias para una sociedad rica y llevaría a la emancipación de la clase trabajadora.

El desarrollo de las fuerzas productivas posibilitaría el dominio de la naturaleza por el ser humano y, si este fuera el requisito para el advenimiento de la sociedad del futuro, las limitaciones naturales no serían sino obstáculos que sortear.

Pero esto significaría despojar al pensamiento de Marx de cualquier elemento ecologista: el origen, por lo tanto, de la incompatibilidad entre lo verde y lo rojo. Aquí se encuentra otra de las razones de la decadencia del marxismo.

El nacimiento de la teoría del metabolismo: el cambio teórico ecologista en *El capital*

Sin embargo, esto no puede ser así. El lector ya sabe que Marx había analizado con perspicacia y profundidad la relación entre el capital y la naturaleza (véase el capítulo 1). En *El capital* también abogaba por la gestión de la Tierra como lo común (véase p. 119).

Entonces ¿cuándo abandonó el determinismo de las fuerzas productivas y se transformaron sus ideas? Liebig, a quien me he referido en el capítulo 1, fue esencial en este cambio teórico de Marx. La crítica de la agricultura del saqueo, desarrollada en la séptima edición de la *Química agrícola* (1862) por Liebig, causó una profunda impresión en Marx. Esto sucedió entre 1865 y 1866. Marx incorporó inmediatamente su elaboración en el tomo 1 de *El capital* (1867). Habían pasado casi veinte años de la publicación del *Manifiesto comunista*.

Una de las ideas clave aquí, que Marx desarrolló en *El capital*, y cuya pista se encuentra en su lectura de Liebig, fue la teoría del metabolismo.

El ser humano recurre constante e incesantemente a la naturaleza para producir, consumir y desechar todo tipo de cosas mientras vive en este planeta. Marx llamó a esta interacción circular con la naturaleza «metabolismo que se da entre el hombre y la naturaleza».

Por supuesto, en la naturaleza existen procesos circulares que son independientes del hombre: la fotosíntesis, la cadena alimentaria o el ciclo de nutrientes del suelo.

Por ejemplo, el salmón remonta el río para desovar. Después, su cadáver se descompondrá y, junto con los nutrientes de origen marino que transporta en su cuerpo, funcionará como elemento nutritivo, río arriba o para la tierra. Quizá sea devorado por osos, zorros o águilas antes de cumplir su misión reproductora. En tal caso, el salmón alimentará a estos depredadores y, a través de sus heces, se trasformará en nutriente para las plantas del bosque, cuyas hojas caídas, asimismo, nutrirán el suelo, y una parte fluirá a los ríos para convertirse en alimento de insectos acuáticos, crustáceos u otros organismos diminutos, o, tal vez, en refugio para peces pequeños en proceso de desarrollo. Tal sería el ciclo metabólico que media el salmón.

Marx llamó a este proceso cíclico de la naturaleza «metabolismo natural».

Como parte integrante de la naturaleza, los seres humanos también participan en el metabolismo con su mundo exterior. La respiración, la alimentación y la excreción también son parte del metabolismo. El hombre solo puede vivir en la Tierra dentro de este proceso circular y continuo en el que recurre a la naturaleza, absorbe de ella todo tipo de sustancias y evacua sus restos al medio natural. Este es un requisito existencial dictado biológicamente e ininterrumpido en la historia.

La alteración del metabolismo causada por el capitalismo

Pero la cosa no queda ahí. Según Marx, el ser humano establece su relación con la naturaleza de una forma muy especial que no se ve en otros animales. Esta forma es el trabajo. El trabajo es una actividad exclusiva del hombre, que controla y media el metabolismo que se da entre el hombre y la naturaleza.[7]

La clave en este punto es que la naturaleza del trabajo varía según el periodo histórico. Dichos cambios afectan de una manera harto significativa al metabolismo que se da entre el hombre y la naturaleza.

Sobre todo, en el capitalismo el metabolismo se conforma de una manera muy especial. Esto se debe a que el capital prioriza la multiplicación del valor de cambio a cualquier otra consideración. Y el capital reconfigura el metabolismo que se da entre el hombre y la naturaleza, de tal forma que este quede al servicio de la consecución del objetivo de la multiplicación del valor de cambio.

En este proceso, el capital explota sistemáticamente al hombre y a la naturaleza: somete a los trabajadores a jornadas interminables y saquea los recursos naturales de todo el orbe. Por supuesto, se desarrollan e incorporan las innovaciones tecnológicas como medio para mejorar la eficiencia del expolio humano y natural. El resultado es que, gracias a la mejora del rendimiento, la vida de las personas se enriquece hasta cotas insospechadas en el pasado.

Sin embargo, superado cierto nivel de desarrollo, los efectos negativos comienzan a aflorar y a superar los positivos. El capital no solo busca obtener el máximo valor de cambio, sino que pretende hacerlo en el menor tiempo posible, y esto altera considerablemente el metabolismo entre el hombre y la naturaleza.

Las dolencias físicas y psíquicas derivadas de jornadas laborales maratonianas en condiciones leoninas son también una manifestación de esta alteración, como lo son el agotamiento de los recursos naturales o la destrucción de los ecosistemas.

El metabolismo natural es, en realidad, un proceso ecológico independiente del capital, pero en el capitalismo se fuerza su transformación a conveniencia del capital. Al final, se evidencia de una manera dolorosa la incompatibilidad entre el ejercicio infinito del capital para la multiplicación del valor de cambio y los ciclos de la naturaleza.

El Antropoceno es la consecuencia de este funcionamiento, que a su vez constituye la causa fundamental de la actual crisis climática.

Un desgarramiento insanable en el metabolismo

Por eso, Marx advirtió en *El capital* que el capitalismo terminará causando en el metabolismo un «desgarramiento insanable». Es el pasaje en el que, citando a Liebig, analiza el latifundio que sostiene la gestión agrícola de tipo capitalista:

> Por el otro lado, la gran propiedad del suelo reduce la población agrícola a un mínimo en constante disminución, oponiéndole una población industrial en constante aumento, hacinada en las ciudades; de ese modo engendra condiciones que provocan un desgarramiento insanable en la continuidad del metabolismo social, prescrito por las leyes naturales de la vida, como consecuencia de lo cual se dilapida la fuerza del suelo, dilapidación esta que, en virtud del comercio, se lleva mucho más allá de las fronteras del propio país. (Liebig).[8]

El capital dio la voz de alarma por el desmantelamiento de las condiciones necesarias para una producción sostenible en el que incurría el capitalismo a través de la alteración, fractura o desgarramiento en el metabolismo. El capitalismo, por lo tanto, dificulta una gestión sostenible del metabolismo entre el hombre y la naturaleza, y constituye una rémora para la mejora social.

En definitiva, en *El capital* no consta ninguna afirmación que constituya una alabanza acrítica del desarrollo de las fuerzas productivas a través de la modernización. Más bien, lo que hay es una crítica clara al desarrollo de la capacidad de producción y la tecnología para permitir al capital la búsqueda ilimitada del beneficio, como mero «progreso [basado] en el arte de esquilmar».[9]

La investigación ecológica posterior a la publicación del tomo I de *El capital*

Que Marx era consciente del peligro que suponen las grietas en el metabolismo generadas por el capital es algo a lo que se hace referencia en las obras introductorias más atentas sobre *El capital* publicadas en los últimos años.

Pero las ideas ecológicas del último Marx no se quedaron en una simple aceptación de la crítica de la «agricultura del saqueo» de Liebig. A pesar de que durante los 15 años que mediaron entre la publicación del tomo I de *El capital* y su muerte en 1883, Marx apenas publicó sus escritos, lo cierto es que se embebió en el estudio de las ciencias naturales.

Y, como se dijo más arriba, la compilación de unas nuevas obras completas del proyecto MEGA, con una cantidad ingente de borradores y cuadernos inéditos, nos permite, finalmente, revelar la crítica ecologista al capitalismo de la última etapa de Marx, desconocida hasta ahora.

El alcance de sus investigaciones en ciencias naturales es realmente asombroso. Existe un número colosal de cuadernos de investigación acerca de sus estudios sobre geología, botánica, química o mineralogía. En mi libro *La naturaleza contra el capital. El ecosocialismo de Karl Marx*[10] analicé detalladamente su contenido. Aquí diré, simplemente, que leyendo estos cuadernos

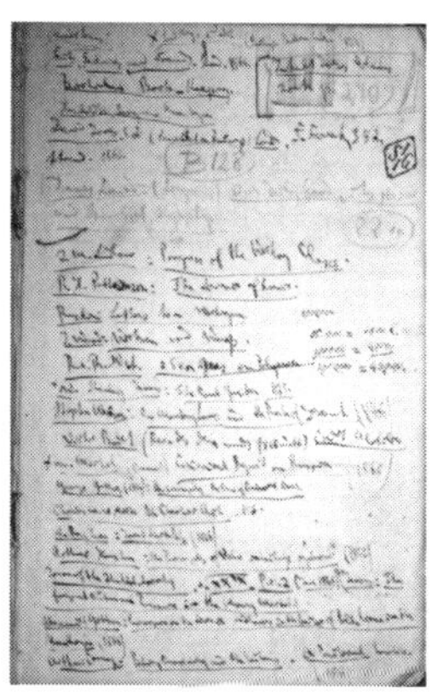

Cuaderno de investigación de Marx de la década de 1860 (la fotografía es la B128) en el que constan extractos de diferentes libros.

uno se da cuenta de que los conocimientos de Marx superaban con creces la crítica de Liebig en la agricultura del saqueo. Marx comenzaba a tratar los asuntos ecológicos, como la deforestación excesiva, el derroche de combustibles fósiles o la extinción de especies animales y vegetales, como contradicciones del capitalismo.

El abandono definitivo del determinismo de las fuerzas productivas

Uno de los autores a los que Marx leyó con fruición, en esta etapa de investigación ecológica tras la publicación del tomo I de *El capital*, fue al agrónomo Karl Fraas.

En su obra *Clima y vida vegetal en el tiempo, una contribución a la historia de ambos*, Fraas describe los procesos de colapso de las civilizaciones antiguas, como Mesopotamia, Egipto o Grecia. Según él, la causa común de la caída de todas ellas fue la dificultad sobrevenida para la práctica de la agricultura autóctona debida al cambio climático regional causado por una tala excesiva de los bosques. Ciertamente, en la actualidad todas aquellas regiones son muy áridas; pero no siempre lo fueron. Perdieron su fertilidad por culpa de la explotación desmedida de su naturaleza.

Fraas advertía acerca del impacto de las subidas de las temperaturas sobre la agricultura, ocasionadas por la deforestación y la sequedad atmosférica, como el origen del hundimiento de las civilizaciones. Lo que, ya en su día, Fraas veía con preocupación era la amenaza que representaba la intromisión humana en el corazón de los bosques si el capitalismo continuaba promoviendo el desarrollo de las técnicas de tala o las tecnologías de transporte.

Marx alabó la obra de Fraas y vislumbró una tendencia socialista en sus advertencias.[11] Fraas criticaba el saqueo de la naturaleza bajo el capitalismo y defendía una relación sostenible con los bosques. Marx comenzaba a asimilar esta postura como una tendencia socialista. Corría el año 1868, apenas un año después de la publicación de *El capital*.

Marx también conocía las ideas de Jevons, al que me referí al hablar de la paradoja de Jevons en el capítulo 2. Este había alertado de los peligros derivados de los problemas de la reducción de las reservas de carbón en un área de fácil extracción del mineral en la Gran Bretaña de entonces, basándose en la crítica de la agricultura del saqueo de Liebig.

Además, en sus estudios sobre geología, se observa su interés por el problema de la extinción de un gran número de especies biológicas debido a la actividad humana.

A través de estas investigaciones, Marx quiso constatar en distintos ámbitos la existencia de fracturas en el metabolismo. Y se propuso un discurso que tratara dichas grietas como una contradicción inherente al capitalismo.

La actitud investigadora de Marx, que emerge de los cuadernos de su última etapa, se contradice abiertamente con un optimismo simplista que creyera posible la superación del capitalismo mediante el aumento de la productividad y la dominación de la naturaleza. Huelga decir que, en ese momento, ya había roto definitivamente con el determinismo de las fuerzas productivas. Pero esto tampoco lo llevó a abrazar inmediatamente una teoría del desmoronamiento de las civilizaciones tan simple que la atribuyera a crisis climáticas.

Más bien, el Marx posterior a *El capital* centró su atención en la relación entre el capitalismo y el medio ambiente.

El capitalismo se dedica a ganar tiempo a base de transferir al exterior, por diferentes medios que permite la innovación tecnológica, la fractura en el metabolismo que causa su actividad incesante. Sin embargo, precisamente esa transferencia es la que va ahondando el desgarramiento insanable a escala planetaria. Al final, ni el propio capitalismo logrará sobrevivir.

Tras la publicación del tomo I de *El capital*, Marx trató de examinar este proceso en concreto de transferencia —de pescadilla que se muerde la cola— que vimos en el capítulo 1.

Hacia el crecimiento económico sostenible del ecosocialismo

Más o menos en el periodo en que se publicó *El capital*, Marx abandonó la alabanza sesgada del aumento de la capacidad de producción y comenzó a indagar, devorando todo tipo de libros, la vía hacia el desarrollo económico sostenible bajo el socialismo.

Aquí, Marx ya tenía la firme convicción de que en el capitalismo solo se puede crecer saqueando la naturaleza de forma despiadada y de que, por lo tanto, un crecimiento sostenible es imposible bajo este sistema. Es decir, por mucho que se insistiera en mejorar la capacidad de producción en el capitalismo, nunca se avanzaría hacia el socialismo. Es así como habían evolucionado sus ideas.

Marx comenzó a pensar que, en vez de perseguir el aumento de productividad bajo el capitalismo, sería mejor completar antes la transición a otro sistema económico, o sea, al socialismo, y, una vez en él, buscar un crecimiento económico sostenible. Esta es la visión ecosocialista de Marx en torno al periodo en que se publicó el tomo I de *El capital*.

Sin embargo, el último Marx superó incluso esta visión ecosocialista.

El tambaleo de la visión de la historia como progreso

La transición hacia el ecosocialismo, que busca un crecimiento económico sostenible supone, sin duda, un cambio de parecer importante. Pero el abandono del determinismo de las fuerzas productivas lo es aún más, en tanto que hace tambalear incluso las bases de la visión de la historia como progreso, que es un marco conceptual mucho más amplio. Esta es una idea clave en la discusión que sigue.

Repasemos algunas ideas. Según la visión marxista de la historia como progreso, el desarrollo de las fuerzas productivas es la fuerza motriz que hace avanzar la historia de la humanidad. Por consiguiente, todos los países deberían, en primer lugar, industrializarse mediante el capitalismo, como lo han hecho los países occidentales.

De esta forma, la visión de la historia como progreso, en el sentido de que considera el aumento de la capacidad productiva como el motor de la historia, tiene como premisa el determinismo de las fuerzas productivas. Y esta, en última instancia, constituye la legitimación del eurocentrismo.

Sin embargo, si se abandona el determinismo, el baremo que determine el estadio de evolución histórica deja de estar constituido por una mayor productividad, porque el desarrollo exclusivo de tecnologías destructivas carece de sentido. Por lo tanto, la renuncia al determinismo de las fuerzas productivas implicó, necesariamente, la revisión del eurocentrismo, la otra cara de la misma moneda.

Al desertar del determinismo de las fuerzas productivas y abandonar, por consiguiente, el eurocentrismo, en su última etapa, a Marx no le quedó más remedio que renegar de la visión de la historia como progreso. Había que rehacer por completo el materialismo histórico.

En lo que sigue, describiré el proceso de pérdida de los soportes y de desintegración de la visión de la historia como progreso. Comenzaré por el análisis del eurocentrismo de Marx.

El eurocentrismo en *El capital*

No obstante, únicamente de la lectura de los libros publicados de Marx no resulta tan evidente su abandono de la perspectiva eurocéntrica.

Es cierto que ya en la segunda mitad de la década de 1850, antes de escribir *El capital*, Marx se había posicionado contra el colonialismo.[12] Siempre se situó del lado de los oprimidos en sucesos históricos como el movimiento anticolonialista de la India, el Alzamiento de Polonia o la guerra de Secesión. Pero el abandono del eurocentrismo es otro asunto.

¿Y en *El capital*? Aun habiendo incorporado puntos de vista ecológicos, en el tomo I de la primera edición de *El capital*, Marx dice lo siguiente:

> El país industrialmente más desarrollado no hace sino mostrar *al menos desarrollado* la imagen de su propio futuro.[13]

Se trata de una visión unilineal de la historia como progreso y claramente eurocéntrica. Se diría que es una proyección caprichosa de la historia de los europeos al resto del mundo.

Según esta línea de razonamiento, en el peor de los casos, incluso el colonialismo queda legitimado dentro del sistema de Marx como fuente de cultura y modernidad para los «bárbaros».

Esta supuesta defensa de un eurocentrismo peligroso hizo que las ideas de Marx fueran objeto de repetidas críticas.

La crítica de Said: el orientalismo del joven Marx

Entre las críticas más famosas se encuentra la de Edward Said, investigador pionero del poscolonialismo. Said califica a Marx de «orientalista» (europeo que considera salvaje e inferior todo lo que no es europeo) y lo critica como sigue:

> Cuantas más reflexiones acumulaba, *más profundizaba en su convencimiento* según el cual «Gran Bretaña posibilitará la verdadera revolución socialista en Asia a través de su destrucción». [...] Aunque se admitiera que Marx se compadeció de la desgracia humana [...], al final, la que se alza con la victoria última es la visión orientalista romántica.

Por eso, Said concluye que «el análisis económico de Marx coincide, punto por punto, con una visión orientalista estándar».[14]

Lo que Said censura es la malhadada serie de «Comentarios sobre la India», publicada en el *New York Daily Tribune* en 1935, cuando Marx aún estaba en la treintena.

En un artículo titulado «La dominación británica de la India», dice lo siguiente:

> Bien es verdad que al realizar una revolución social en el Indostán *[= la India]*, Inglaterra actuaba bajo el impulso de los intereses más mezquinos, dando pruebas de verdadera estupidez en la forma de imponer esos intereses. Pero no se trata de eso. De lo que se trata es de saber si la humanidad puede cumplir su misión sin una revolución a fondo en el estado social de Asia. Si no puede, entonces, y a pesar de todos sus crímenes, Inglaterra fue el instrumento inconsciente de la historia al realizar dicha revolución.[15]

Por supuesto, Marx admite la brutalidad del colonialismo británico de la India. Sin embargo, parece como si, en última instancia, estuviera legitimando el colonialismo en pos del progreso de la humanidad.

Las sociedades asiáticas, en torno a la India, son estáticas y pasivas y «carecen de historia».[16] Por eso, afirma Marx, hace falta que un país extranjero capitalista, como Gran Bretaña, impulse la historia en ellas. Es evidente la mentalidad orientalista que señala Said.

Por estos derroteros, Marx estaría a un paso de justificar el sufrimiento de las personas como un mal necesario por el avance de la historia.

Incluso en un borrador de *El capital*, escrito a comienzos de la década de 1860, mientras critica a Simonde de Sismondi, dice Marx:

> [Sismondi y sus seguidores] no han comprendido que el desarrollo de las capacidades del *género humano* finalmente convergerá en el desarrollo individual a través de

la superación de este antagonismo, aunque ello implique inicialmente el sacrificio de muchos individuos o de clases enteras de individuos; por consiguiente, un desarrollo superior del individuo solo se podrá alcanzar mediante un proceso histórico que pase por su sacrificio.[17]

¡Aumentemos la productividad sacrificando al individuo si fuera menester! ¡Llevemos los mercados y el capitalismo al mundo entero! ¡Estos son los requisitos para la libertad y la liberación! Cualquiera diría que Marx era un ideólogo neoliberal.

La mirada hacia las sociedades no occidentales y precapitalistas

Pero la crítica de Said no tiene en cuenta al último Marx. En este sentido, es una crítica sesgada. Aunque esto también es fruto de la investigación de los documentos contenidos en MEGA, en su etapa final Marx se reprochó profundamente su orientalismo. En esta cuestión también, el cambio definitivo llegó tras la publicación de *El capital*, después de 1868.

El caso es que, a partir de 1868, Marx no solo se zambulló en el estudio de las ciencias naturales y otros de naturaleza ecológica, sino que invirtió un gran esfuerzo en investigar las comunidades de las sociedades no occidentales y otras precapitalistas.

En 1868, Marx se interesó por las comunidades de los pueblos germánicos y, a partir de 1870, investigó afanosamente los sistemas de propiedad de la tierra o el funcionamiento de la agricultura en las sociedades no occidentales y precapitalistas. Devoró libros sobre la antigua Roma, los nativos americanos, la India, Argelia o Sudamérica. Se mostró particularmente interesado en las comunas agrarias rusas, y llegó incluso a aprender ruso para comprender el sistema de propiedad de la tierra y la práctica agrícola en ellas.

En los cuadernos de investigación de esta etapa, no solo critica con claridad el colonialismo inglés, sino que habla favorablemente de la tenaz resistencia que opusieron las comunidades de la India contra los británicos. Aquí comienza a aparecer un Marx claramente muy diferente al de los «Comentarios sobre la India» de 1853.

«Carta a Zasúlich»: el adiós definitivo al eurocentrismo

En los últimos años de vida de Marx, estos cambios en su pensamiento se hicieron más patentes. Ocurrió cuando Marx intervino en un debate acerca de la dirección hacia la que debían avanzar las comunidades rusas, a través de una carta que dirigió, en 1881, apenas dos años antes de su muerte, a Vera Zasúlich, revolucionaria rusa.

Gracias a esta carta, en la que queda claramente de manifiesto su postura crítica con la visión de la historia como progreso, se atisba el grado de transformación que los 14 años de investigación obraron en sus ideas tras la publicación del tomo I de *El capital*. Es más, no sería exagerado decir que en esta carta se oculta el punto culminante de la evolución de sus ideas.

En la Rusia de entonces, existían unas comunidades campesinas llamadas *mir*. Unos activistas, los *naródniki*, se propusieron derrocar la monarquía zarista a través de la extensión de estas comunas y la consiguiente revolución socialista. En aquel momento, los revolucionarios rusos se hallaban inmersos en un intenso debate acerca de la necesidad de pasar o no por una fase de capitalismo antes de alcanzar el socialismo.

El origen del debate se encontraba en un pasaje del tomo I de *El capital*, al que ya me he referido antes:

> El país industrialmente más desarrollado no hace sino mostrar *al menos desarrollado* la imagen de su propio futuro.

¿Sería esta descripción válida también para Rusia? Es decir, ¿debía Rusia, en primer lugar, modernizarse bajo el capitalismo antes de alcanzar el socialismo? Zasúlich quiso saber lo que realmente pensaba Marx acerca de esta cuestión.

La respuesta que finalmente recibió Zasúlich de Marx fue bastante fría. Sin embargo, este había reescrito tres veces la extensa misiva antes de remitírsela a Zasúlich, lo que da idea del considerable acierto con el que sus preguntas habían alcanzado el meollo de la cuestión. Parece lógico; catorce años después de haber redactado aquel párrafo, una persona no occidental le exigía responder a si «era realmente correcta la visión eurocéntrica de la historia como progreso».

La respuesta de Marx es bien conocida. En ella, afirma claramente que, en *El capital* el análisis histórico «se limita a la Europa occidental». Escribió que no era necesario destruir las comunidades que siguen existiendo en Rusia por promover la modernización; más bien, en Rusia, estas comunidades llegarían a ser claves en la resistencia frente al avance y la extensión mundial del capitalismo voraz. Y que el desarrollo de las comunidades «sobre sus fundamentos actuales» y absorbiendo los logros positivos del capitalismo constituiría la oportunidad para la materialización del comunismo.

Lo importante aquí es el reconocimiento explícito de Marx acerca de la posibilidad de Rusia de transitar hacia el comunismo sin pasar por una fase capitalista (= «sin pasar bajo las Horcas Caudinas»).[18] Es evidente que en sus últimos años Marx había abandonado una visión del desarrollo histórico unilineal y eurocéntrica.

La prueba de la versión rusa del *Manifiesto comunista*

Se puede reconocer el mismo posicionamiento en el «Prólogo a la segunda edición de la versión en ruso» del *Manifiesto comunista*, publicado al año siguiente. Dice así:

> Si la revolución rusa se convierte en la señal para una revolución proletaria en Occidente, de modo que ambas se complementen entre sí, entonces la actual propiedad común rusa de la tierra puede servir como punto de partida a una evolución comunista.[19]

Marx dejó plasmada por escrito su alta estima por la propiedad comunal de las *mir*. No se trató de una simple adulación interesada a los rusos. Sin este prólogo, el *Manifiesto comunista*, redactado en su juventud, sería malinterpretado como un elogio de la visión de la historia como progreso. El último Marx escribió este prólogo porque era plenamente consciente de este peligro.

Es más, en este prólogo no se limita a afirmar que las comunidades rusas no necesitan pasar por el desarrollo capitalista, sino que dice claramente que serían capaces de alcanzar un desarrollo comunista antes que la Europa occidental —aunque, posteriormente, necesitase ser complementado por la revolución en la Europa occidental—. Es innegable la gran transformación de la visión de la historia de Marx.

No existe ninguna necesidad de limitar este debate a Rusia. Se debería poder extender el mismo razonamiento a las comunidades de Asia y de Latinoamérica.

Y es que el propio Marx consideraba a las comunidades aldeanas asiáticas, y no solo a las *mir*, como un tipo de comunidades primitivas que han logrado sobrevivir rehuyendo la violencia destructiva del capitalismo. Es decir, las comunidades similares que existen en todo el mundo poseerían la misma fuerza de la que están dotadas las comunidades campesinas rusas. Así es como Marx valora estas comunidades.

De acuerdo con lo expuesto hasta aquí, Kevin Anderson, sociólogo de la Universidad de California, también concluye que el Marx final había abrazado una visión histórica multilineal rechazando un modelo unilineal de la revolución, dependiente de la visión de la historia como progreso.[20]

Marx aceptó que el camino hacia el socialismo no se limitaba al modelo de desarrollo de la Europa occidental. Es más, pensó que en las sociedades no occidentales se deberían estudiar métodos particulares de transición al comunismo que tuvieran en cuenta las complejidades y particularidades de sus sistemas e historia.

La visión eurocéntrica de la historia como progreso está dando paso a una valoración activa de las comunidades existentes al margen de la sociedad occidental. En tal caso, ni siquiera Said podrá tachar al último Marx de orientalista.

¿Se transformó el comunismo de Marx?

Pero ¿el cambio en las ideas del Marx de la última etapa se limitó al abandono de la visión unilineal de la historia? Para nada.

Incluso Anderson, que en su obra *Marx en los márgenes* valora positivamente sus investigaciones acerca de las comunidades, está dejando escapar el verdadero sentido de este cambio. En este libro sostengo que la importancia teórica de la «Carta a Zasúlich» es muy superior a la que señala Anderson.

Para empezar, el abandono de la visión de la historia como progreso de Marx en sus últimos años no es, en ningún caso, un descubrimiento nuevo. En efecto, es algo con lo que los especialistas están muy familiarizados desde hace varios decenios.[21] Además, como se dijo antes, ya en la segunda mitad de 1850, Marx se había posicionado claramente a favor del anticolonialismo y estaba reconociendo su importancia en la lucha contra el capitalismo.

Si, transcurridos 20 años de este posicionamiento, la transformación teórica de Marx, derivada de sus intensas investigaciones sobre las comunidades, se limitase al abandono del eurocentrismo y la adopción de la visión multilineal de la historia, no podría por menos de calificarse que de muy pobre.

Este libro va mucho más allá. La constatación o no del abandono de la visión unilineal de la historia como progreso no es sino el primer paso para poder compartir con el lector las ideas que se irán exponiendo a partir de aquí. Porque la cuestión clave es entender a qué conclusiones llegó Marx como consecuencia de haber abandonado la visión de la historia como progreso.

Sin embargo, para responder a esta pregunta, no basta con saber que Marx abandonó el eurocentrismo en virtud de las investigaciones sobre las comunidades a partir de 1868. La razón por la que las conclusiones del excelente trabajo de investigación de Anderson resultan algo desdibujadas es por su enfoque exclusivo en el rechazo del eurocentrismo. Para responder a esta cuestión es necesario tener en cuenta, al mismo tiempo, la otra cara de la visión de la historia como progreso. Exacto, el determinismo de las fuerzas productivas. Es necesario analizar la cuestión teniendo en cuenta también la mutación teórica derivada del abandono del determinismo de las fuerzas productivas motivado por las investigaciones ecológicas.

Cuando se afronta la cuestión junto con el problema del determinismo de las fuerzas productivas, comienza a emerger la posibilidad de una interpretación mucho más sorprendente que la simple multiplicación de las rutas que conducen a la meta comunista.

Es así como se revela la gran mutación de la mismísima concepción del comunismo de Marx. Esta es una posibilidad que aún no ha sido lo bastante esclarecida por las investigaciones precedentes. Entramos en materia.

¿Por qué se retrasó la redacción de *El capital*?

La posibilidad de que lo que Marx entendía por comunismo sufriera una transformación en sus últimos años la sugiere también el retraso en la redacción de los tomos II y III de *El capital*. A pesar del ansia con la que Engels esperaba la compleción de *El capital*, a los 16 años de la publicación del tomo I, Marx falleció. Como hemos visto antes, este se había dedicado durante aquel intervalo a la investigación ecológica y de las comunidades. ¿Por qué no completó la redacción de *El capital* y, en cambio, se dedicó a investigar estos asuntos? Tienta pensar que Marx, atormentado por constantes y diversas enfermedades, prefirió dejar al margen la redacción de la continuación —labor ingente que le exigía un esfuerzo penoso— y, en cambio, quiso refugiarse en la lectura, su gran pasión.

Sin embargo, no fue así. Coloquemos, por un momento, el concepto del metabolismo, como eje de la teoría de Marx. Lo que emerge de ello es una formidable secuencia de esfuerzos por proponer una nueva visión de la historia, alternativa a la de la historia como progreso. La condición absolutamente necesaria para la construcción de esta nueva perspectiva eran las investigaciones ecológicas y los estudios de las comunidades de las sociedades no occidentales y precapitalistas.

Por eso, a pesar de que estos dos temas puedan parecer aparentemente ajenos, en ambos subyace la conciencia de una problemática común. ¿Cuál es esa problemática?

Civilizaciones desaparecidas y comunidades supervivientes

Comenzaré exponiendo las razones por las que Marx se entregó en sus últimos años a la investigación de las comunidades. La motivación inicial se la proporcionó la lectura de las obras de Fraas, a comienzos de 1868, en el contexto de sus investigaciones ecológicas. La investigación ecológica y la investigación de las comunidades están, por lo tanto, conectadas desde el principio.

Ya he comentado que Marx conocía las investigaciones de Fraas acerca del colapso de las civilizaciones antiguas (véase p. 150). El caso es que Fraas también hablaba de las comunidades que no atravesaron la senda del colapso y sobrevivieron.

Fraas apreciaba especialmente las prácticas agrícolas sostenibles de las comunidades de la marca (*Markgenossenschaft*) de los antiguos pueblos germanos. Aunque estos suelen ser calificados como «bárbaros», desde el punto de vista de la sostenibilidad eran muy notables.

«Comunidades de la marca» es la denominación genérica que se aplica a las sociedades de los pueblos germanos de la época comprendida entre César y Tácito. Un periodo histórico de transición de las comunidades tribales de caza y militares a otras asentadas y agrícolas.

Los pueblos germanos poseían la tierra en común y sometían los métodos de producción a controles estrictos. Al parecer, en las comunidades de la marca, por ejemplo, estaba totalmente prohibida la venta de la tierra a miembros ajenos a la comunidad. No solo estaba prohibida la compraventa de tierras: ni tan siquiera estaba permitido sacar de la comunidad la madera, los cerdos o el vino.[22]

Con este tipo de controles rígidos se preservaba el ciclo de nutrientes de la tierra y se practicaba una agricultura sostenible. A la larga, habrían logrado incluso mejorar la fuerza de la tierra. Esta es una gran diferencia respecto a las civilizaciones antiguas, sin los estrictos controles de tipo comunal y que terminaron colapsando. Se diría, aún más, que es una gestión diametralmente opuesta a una de tipo capitalista, que expolia los nutrientes del suelo y busca ganancias con la venta de la cosecha en las grandes urbes.

Marx quedó prendado de las obras de Fraas. La perspectiva ecologista, que Marx ya albergaba durante la redacción de *El capital*, fue despertando su interés por la sostenibilidad de las comunidades de las sociedades precapitalistas.

El descubrimiento del igualitarismo en las comunidades

El gran interés que Marx sintió por el análisis de Fraas acerca de las comunidades de la marca también se deduce de la lectura atenta y en paralelo de las investigaciones sobre estas, hechas por el historiador del derecho alemán Georg Ludwig von Mauler. De hecho, estas habían sentado las bases de las ideas de Fraas sobre las comunidades de la marca.

Curiosamente, Marx también vislumbró en los argumentos de Mauler tendencias socialistas, semejantes a las de Fraas.[23]

Mauler señalaba que las comunidades de la marca no solo disponían de tierras de propiedad común para que sus integrantes pudieran practicar el pastoreo en igualdad de condiciones; también asignaban las tierras por sorteo, y hacían que las tierras que trabajaban sus miembros cambiaran de forma periódica. Mediante este sistema impedían que solo un grupo de personas disfrutase en exclusiva de los beneficios que reportaban las tierras más fértiles y evitaban una distribución desigual de la riqueza.

Se trata de un sistema en claro contraste con el latifundio de la antigua Roma, un sistema de explotación agrícola donde la nobleza empleaba trabajo esclavo para poseer y gestionar grandes extensiones de terreno. Lo que en su análisis de la historia había observado Mauler, un pensador de tendencia conservadora, fue un igualitarismo de los pueblos germanos que haría estremecer incluso a los socialistas de su época.[24]

Los fundamentos de un nuevo comunismo: sostenibilidad e igualdad social

Por supuesto, el Marx anterior a 1868 sabía que las sociedades comunales eran igualitaristas. De hecho, en *El capital* utiliza la expresión «comunismo [natural y] espontáneo» como una caracterización de las comunidades primitivas.[25]

Sin embargo, el Marx inmediatamente posterior a *El capital*, que valoró altamente a Fraas y Mauler con el mismo calificativo de «tendencias socialistas», está imbuido de un nuevo pálpito: la posibilidad de que la sostenibilidad y la igualdad social estén íntimamente relacionadas. Esta es precisamente la razón que orientó sus investigaciones posteriores hacia las comunidades de las sociedades no occidentales, en paralelo a las investigaciones ecológicas.

Los pueblos germánicos trataban la tierra como propiedad común. Esta no era de nadie en particular. Por eso, para que no fueran unos pocos los agraciados por los frutos de las tierras más feraces, practicaban una asignación equitativa de la tierra. Evitando el acaparamiento de la riqueza tenían cuidado de no generar relaciones de dominación y subordinación entre los miembros integrantes.

Al mismo tiempo, dado que la tierra no pertenecía a nadie en exclusiva, estaba a salvo de los veleidosos manejos de sus propietarios. Esto, asimismo, contribuía a garantizar la sostenibilidad del suelo.

De esta forma, la sostenibilidad y la igualdad social están estrechamente relacionadas. ¿No será esta relación la que permita a las comunidades decir no al capitalismo y promover el comunismo? Marx comienza a ser muy consciente de esta posibilidad.

Una relectura ecologista de la «Carta a Zasúlich»

La «Carta a Zasúlich» es el punto culminante de estas reflexiones. Vale la pena conocer los detalles de su borrador.

En primer lugar, en él aparece Mauler, el investigador de las comunidades. Marx le explica a Zasúlich que, aunque en Rusia las comunidades primitivas existen en forma de *mir*, estas son comunidades campesinas del mismo tipo que las que se observa en los pueblos germanos de la Europa occidental.

Marx continúa explicándole la poderosa «vitalidad natural» que poseen estas comunidades. Mientras otras modalidades comunales han desaparecido, a causa de guerras sucesivas y migraciones humanas, las comunidades campesinas han sobrevivido a la Edad Media. Y que los bosques y praderas siguieran siendo tierras comunales en la región de Tréveris, localidad natal de Marx, era un vestigio de dichas comunidades.

En la carta, Marx elogia el carácter comunal-social que sobrevivió a la Edad Media como una «nueva comunidad».

> Gracias a los rasgos característicos tomados de este último *[= comunidad campesina]*, la comunidad nueva instaurada por los germanos en todos los países conquistados devino a lo largo de toda la Edad Media el único foco *[= fuente]* de libertad y de vida popular.[26]

Sobre la base de esta valoración de las comunidades, Marx le hizo saber a Zasúlich que no tenía ninguna intención de imponer a Rusia el camino de la modernización por medio del capitalismo.[27] Creía que la fuerza de las comunidades campesinas rusas existentes podría constituir el cimiento de la transición hacia el comunismo. Este párrafo, una vez más, nos revela la gran transformación de su visión de la historia.

Pero lo que es más importante aquí es la conciencia de una problemática ecológica. Lo que trasluce el pensamiento del último Marx, a través de esta carta, es algo así: la mejora de las fuerzas productivas no garantiza la liberación de la humanidad; más bien al contrario, altera el metabolismo con la naturaleza —el principio vital— y genera fracturas. El capitalismo no es una fase de avance hacia el comunismo. El capitalismo destruye la «vitalidad natural» indispensable para la prosperidad social.

Sin embargo, esta evolución de su pensamiento requería necesariamente una crítica de su anterior visión de la historia como progreso. Si la consecuencia del capitalismo no era el progreso, sino la destrucción irreversible del medio ambiente natural y de la sociedad, la visión unilineal de la historia como progreso quedaba seriamente tocada. Entonces no resultaba en absoluto claro que la Europa occidental, con un mayor desarrollo de sus fuerzas productivas, fuera una sociedad más avanzada respecto a otras al margen de ella.

Como se vio antes, según Fraas y Mauler, las comunidades de la marca habían conseguido estructurar socialmente el metabolismo entre el hombre y la naturaleza de una manera más sostenible y habían materializado una relación más igualitaria entre sus integrantes. Si esto era realmente así, aunque la capacidad de sus fuerzas productivas fuera muy inferior respecto a la de los países industrializados de la Europa occidental, cabría decir que, en un sentido, las comunidades de la marca eran formas de organización social superiores.

Es seguro que una reformulación tan sustancial del marco teórico convirtió la redacción de los tomos II y III de *El capital* en una tarea extremadamente ardua. Sin embargo, y pese a la dificultad que comportaba, la redacción de *El capital* demandaba una reconstrucción radical de su visión histórica. La investigación de las comunidades no occidentales y precapitalistas tenía por objeto dicha reconstrucción y era una investigación en ciencias naturales cuyo tema era la ecología.

La lucha entre el capitalismo y los ecologistas

Como consecuencia de haber abandonado la visión de la historia como progreso, el análisis de la situación de la sociedad occidental, como la Gran Bretaña en la que vivía el propio Marx, se vio abocada a un gran cambio. Parece lógico. Marx no estudiaba las comunidades por pura afición; las investigaba para superar el capitalismo.

Este cambio también se observa en el borrador de la «Carta a Zasúlich». En un pasaje que versa sobre la crisis del capitalismo, afirma:

> Tanto en la Europa occidental, como en los Estados Unidos, *[al capitalismo]* lo encuentra en lucha contra la ciencia, contra las masas populares y contra las mismas fuerzas productivas que engendra. En una palabra, frente a ella se encuentra el capitalismo en crisis.[28]

Los marxistas-leninistas, defensores del determinismo de las fuerzas productivas, interpretaron la afirmación de que el capitalismo se halla en lucha contra la ciencia, como la justificación para un mayor desarrollo de las fuerzas productivas. Es decir, la mejora de la productividad sería el camino a seguir para superar la crisis derivada del capitalismo.

De ahí que la famosa definición del comunismo «¡De cada cual, según sus capacidades; a cada cual, según sus necesidades!», que hizo Marx en la *Crítica del programa de Gotha* (1875),[29] se interpretara como que el problema de la distribución desigual de la riqueza se debería resolver mediante una capacidad de producción infinita y una «abundancia infinita».[30]

Sin embargo, si se lee esta carta como una crítica al determinismo de las fuerzas productivas en el contexto de la teoría del desgarramiento del metabolismo, su significado es totalmente el opuesto.

La ciencia que, en Occidente, se halla en situación de lucha contra el capitalismo es la ciencia que vierte su mirada al medio ambiente, al modo de Liebig o Fraas. Es decir, la ecología.

Los ecologistas como ellos, a través de la crítica del saqueo capitalista, están cuestionando la legitimidad del capitalismo. La ciencia revela el fracaso del proyecto del determinismo de las fuerzas productivas, que pretende someter la naturaleza con tecnología y liberar al ser humano de los límites de la naturaleza.

Lo que Liebig y otros han demostrado es que el capitalismo no puede seguir aumentando la productividad de una forma sostenible. La obsesión por incrementar la capacidad productiva forzando los límites deriva en el saqueo del medio ambiente planetario. Y no se queda ahí. Acaba incluso con la resiliencia de la naturaleza. En definitiva, no se puede legitimar y seguir dando pábulo al capitalismo.

Ahora que conocemos las ideas ecologistas de Marx, comprendemos el significado de la lucha de la ciencia contra el capitalismo.

Una nueva racionalidad: para una gestión sostenible de la tierra

Lo que Marx obtuvo de Liebig o Fraas fue el punto de vista de la agricultura racional, basado en los conocimientos de las ciencias naturales, para superar la crisis derivada del capitalismo. Por supuesto, la racionalidad a la que hacen referencia no significa perseguir la maximización de los beneficios a la manera capitalista. Se trata de una «nueva racionalidad».

En la teoría de la renta de la tierra, que aparece en el tomo III de *El capital*, redactado por Engels tras la muerte de Marx, existe un pasaje en el que Marx habla del uso irracional que en el capitalismo se hace de la tierra:

> [En ambas formas,] *el lugar del tratamiento consciente y racional del suelo* en cuanto propiedad colectiva eterna, condición inalienable de existencia y reproducción de la serie de generaciones humanas que se relevan unas a otras, es ocupado *[bajo el capitalismo]* por la explotación y despilfarro de las fuerzas del suelo.[31]

El capitalismo recurre a las ciencias naturales para exprimir la fuerza gratuita de la naturaleza. Como consecuencia, el aumento de la capacidad de producción agudiza el saqueo y socava los cimientos del desarrollo humano sostenible. Este recurso a las ciencias naturales es, desde una perspectiva a largo plazo, explotación y despilfarro y, en ningún caso, racional.

Lo que Marx buscaba a través de esta crítica no era un crecimiento económico infinito sino una gestión sostenible de la tierra = planeta como lo común. Este, y no otro, sería el fundamento de un sistema económico más racional, que también reclamaban Liebig o Fraas.

Esta exigencia científica estaría revelando la irracionalidad del capitalismo y causando la crisis de su legitimidad.

En la «Carta a Zasúlich», a continuación del párrafo citado en la página 156 (nota 28), Marx concluye:

> En una palabra, frente a ella se encuentra el capitalismo en crisis que solo se acabará con la eliminación del mismo, con el retorno de las sociedades modernas al tipo «arcaico» de la propiedad común o [...], libre de toda sospecha de tendencias revolucionarias, [...] «el nuevo sistema» al que tiende la sociedad moderna, «será un renacimiento *(a revival)*, en una forma superior *(in a superior form)*, de un tipo social arcaico».[32]

No es que el comunismo exista en el límite del desarrollo capitalista. Según Marx, las comunidades de la marca de los pueblos germanos, o las *mir* rusas, contienen en su seno los elementos que deben restaurar en la moderna sociedad occidental.

Pero ¿cuáles son esos elementos que Occidente debe aprender de las *mir*, o de las comunidades de la marca, para recuperarlas y restaurarlas?

La auténtica gran transformación teórica: un nuevo comunismo

Estamos llegando al fondo de la cuestión. Voy a ordenar las ideas expuestas hasta ahora y a elaborar las conclusiones.

En sus últimos años, Marx abandonó la visión de la historia como progreso. Esto fue consecuencia de sus investigaciones en ciencias naturales y de las comunidades, a las que se había dedicado a partir de 1868. Solo cuando se entiende con claridad que ambas están estrechamente relacionadas, se comprende el verdadero sentido teórico de la «Carta a Zasúlich», el punto culminante de las ideas del último Marx.

Es decir, Marx quiso profundizar en la relación entre la sostenibilidad y la igualdad a través de dichas investigaciones. Y en las sucesivas reescrituras de la «Carta a Zasúlich» intentó perfilar las líneas maestras de la nueva racionalidad a la que debía aspirar la sociedad futura. En resumen: partiendo de la pregunta de Zasúlich, Marx trató de reformular su visión para hacer realidad una sociedad occidental sostenible e igualitaria.

Lo que, finalmente, emerge de esta empresa es una auténtica transformación teórica. El distanciamiento definitivo de la visión de la historia como progreso, que partió de sus investigaciones ecológicas, lo obligó a una corrección radical de la supuesta superioridad del capitalismo.

Como consecuencia, no solo, ni simplemente, se multiplicaron las vías hacia el comunismo, sino que la propia formulación teórica del comunismo, al que debería aspirar el capitalismo, sufrió un gran cambio.

Me explico: las comunidades apegadas a la tradición se basan en principios de producción diferentes por completo a los del capitalismo. Como señalan Mauler o Fraas, las comunidades están internamente sometidas a fuertes regulaciones de tipo social, totalmente ajenas a las teorías de producción de mercancías que rigen en los sistemas capitalistas. Recordemos, por ejemplo, que en las comunidades de la marca estaba prohibido comerciar no ya con las tierras, sino con los productos que de ella se obtenían, con personas ajenas a la comunidad.

Las comunidades han repetido procedimientos similares de producción a lo largo de los años siguiendo la tradición. Es decir, eran economías estacionarias y circulares sin crecimiento económico.

No es que la capacidad productiva de las comunidades fuera baja y estuvieran hundidas en la miseria por primitivas e ignorantes; sencillamente, en las comunidades no se trabajaba más tiempo ni se buscaba aumentar la productividad aunque hubieran podido hacerlo. Con ello, trataban de eludir la conformación de relaciones de poder que pudieran derivar en vínculos de dominación y subordinación.

Marx, rumbo al decrecimiento

En este punto, tendrá una importancia capital el reconocimiento por parte de Marx de que la estabilidad de las sociedades comunales sin crecimiento económico permitía estructurar socialmente un metabolismo equitativo entre el hombre y la naturaleza.

Ya vimos que el Marx de comienzos de la década de 1850 rechazaba las comunidades de la India por pasivas, estáticas y carentes de historia, sobre la base de la naturaleza estacionaria de su economía. En esta postura se condensa el determinismo de las fuerzas productivas y el eurocentrismo (véase p. 144).

Lo que, sin embargo, cree el Marx de la última época es que, precisamente, la naturaleza estacionaria de las sociedades comunales conformará la resistencia contra la dominación colonialista y que, en el futuro, permitirá derrotar al capitalismo e instaurar el comunismo. Aquí hay, claramente, una gran transformación. Las comunidades representan una resistencia activa contra el capitalismo y poseen una fuerza llamada «comunismo», capaz de determinar el curso de la historia. Ahora, Marx se mostraba favorable a las economías estacionarias, un cambio radical respecto a lo que mantenía en la década de 1850.

Lo que posibilitó este reconocimiento del potencial de las sociedades comunales fue la investigación ecológica de su última etapa. Es decir, su interés por la sostenibilidad le permitió un cambio de perspectiva sobre las comunidades completamente diferente a la que tenía en la década de 1950. La aparente falta de relación entre la investigación ecológica y la investigación de las comunidades en realidad no era tal; muy al contrario, aquí están claramente conectadas.

De esta forma, sus investigaciones finales se erigen en una suerte de cimiento teórico sobre el que asentar una conceptualización de las futuras sociedades occidentales verdaderamente libres e iguales. La finalidad de Marx no era analizar la senda de desarrollo histórico de las sociedades no occidentales, como Rusia. A estas alturas, las discusiones acerca del carácter multilineal de la evolución de la historia parecen apenas meros subproductos de lo fundamental: la conceptualización del futuro de Occidente. Sus investigaciones sobre las comunidades giraban en torno a este objetivo.

Tras 14 años de trabajo, Marx concluyó que la sostenibilidad y la igualdad, basadas en la economía estacionaria, conforman la resistencia contra el capital y constituyen el fundamento de la sociedad futura.

Por lo tanto, son la sostenibilidad y la igualdad lo que las sociedades modernas occidentales deben recuperar conscientemente para superar la crisis del capitalismo en la que se halla inmersa. La economía estacionaria es su condición materialista.

En definitiva, el comunismo que Marx vislumbró en sus últimos años es una economía decrecentista, igualitarista y sostenible.

Cuando Marx dice que, para superar la crisis del capitalismo, Occidente debe buscar «un renacimiento en una forma superior de un tipo social arcaico» (véase p. 159), tal vez estuviera hablando de restaurar, adaptándolo al nivel adecuado al de la Europa occidental, el principio de la economía estacionaria de las comunidades.

Una meta llamada «comunismo decrecentista»

Llegados a este punto, imagino que está claro qué significa «restaurar». Lo que dice Marx es que la forja de una sociedad comunista en Europa occidental debe aprender e incorporar los principios de la economía estacionaria de las comunidades con el fin de proponer una nueva racionalidad que realce la importancia de la sostenibilidad y la igualdad.

Por supuesto, conviene subrayar que esta conceptualización no busca una nostálgica vuelta al mundo rural ni está planteando la creación de comunas (Marx insiste en que las comunas rusas harían bien en enriquecerse con los frutos positivos del capitalismo, como la innovación tecnológica). La revolución en Europa occidental debe tomar como ejemplo los modelos de organización social más arcaicos, es decir, las sociedades estacionarias y, preservando los logros positivos de las sociedades modernas, buscar el salto al comunismo.

Por lo tanto, un comunismo como el de la URSS, que aspira al crecimiento económico sobre la base del determinismo de las fuerzas productivas, queda totalmente invalidado y descartado. Adoptar un modelo como la URSS equivale a quedar condenado a no alcanzar nunca la meta de una nueva sociedad futura, por mucho que se insista en promover los principios del capitalismo.

Recapitulando: esta última propuesta de Marx es diametralmente opuesta al determinismo de las fuerzas productivas que defendía de joven. Es incluso diferente al Marx de la fase del ecosocialismo, que bebe de las ideas de Liebig, durante la redacción de *El capital*. En aquel momento aún pensaba que si se pudiera transitar al socialismo, sería factible un crecimiento económico sostenible. Sin embargo, finalmente, abandonó incluso esta postura (figura 8).

De esta forma, la visión que Marx tenía de la sociedad futura se transformó con considerable claridad en sus últimos años. Tomando una expresión de Louis Althusser, muy de moda en su día, no sería exagerado decir que las ideas de Marx sufrieron un «corte epistemológico».

Al renunciar a la visión de la historia como progreso, Marx pudo incorporar en su teoría del cambio los principios de la sostenibilidad y de la economía estacionaria. Como consecuencia de ello, el concepto de comunismo también se transformó en algo completamente distinto del determinismo de las fuerzas productivas o del ecosocialis-

Figura 8. Los objetivos de Marx

		Crecimiento económico	Sostenibilidad
Década de 1840 - Década de 1850	**Determinismo de las fuerzas productivas** *Manifiesto comunista*, «Crítica de la India»	✓	✗
Década de 1860	**Ecosocialismo** Tomo I de *El capital*	✓	✓
Década de 1870 - Década de 1880	**Comunismo decrecentista** *Crítica del programa de Gotha*, «Carta a Zasúlich»	✗	✓

mo: el comunismo decrecentista, al que llegó en sus últimos años.

El comunismo decrecentista no es sino la nueva interpretación de la visión de la sociedad futura del último Marx, nunca antes propuesta. No lo comprendió ni siquiera su amigo Engels. El resultado fue que la visión histórica de Marx ha permanecido malinterpretada hasta ahora, como una visión unilineal de la historia como progreso, y los supremacistas de las fuerzas productivas impusieron el paradigma de las ideas de la izquierda.

Por culpa de ello, durante 150 años desde la publicación de *El capital*, el marxismo no pudo criticar los problemas medioambientales como la contradicción fundamental del capitalismo, y contribuyó con ello a agravar el problema ambiental del Antropoceno hasta el extremo que padecemos en el presente.

Una nueva arma llamada «comunismo decrecentista»

Hasta ahora, se consideraba que el marxismo y el decrecentismo eran como el agua y el aceite. El marxismo tradicional concebía el comunismo como una sociedad que enriquecía la vida de los trabajadores mediante el control de las fuerzas productivas y las tecnologías por estos, una vez recuperados los medios de producción. Una sociedad de este tipo se consideraba incompatible con el decrecimiento.

Por eso, aunque se conocía la existencia de las investigaciones de Marx sobre las comunidades y la ecología, nunca se trató de integrarlas, porque los estudiosos de Marx no aceptaban el decrecimiento.

Por supuesto, los exégetas de Marx aceptaron gustosamente las apreciaciones de Anderson y otros sobre la renuncia de Marx al eurocentrismo. Sin embargo, esta aceptación viene cargada de corrección política. Cuando en mi obra *La naturaleza contra el capital* desarrollé la idea de «Marx como ecologista» los marxistas de todo el mundo acogieron la propuesta con entusiasmo como un intento de proponer un Marx políticamente correcto.

Sin embargo, nadie se atrevió a cruzar la línea roja del comunismo decrecentista. Incluso en *La naturaleza contra el capital* me quedé en la aceptación del ecosocialismo, como las ideas de un Marx en busca de un crecimiento económico sostenible. De hecho, el título original de la obra era *Daikô-zui no mae ni. Marukusu to Wakusei No Busshitsu Taisha* (Antes del diluvio. Marx y el metabolismo del planeta), pero se tradujo al inglés como *Karl Marx's Ecosocialism: Capital, Nature, and the Unfinished Critique of Political Economy*.

Fue la consecuencia de la enorme carga heredada del determinismo de las fuerzas productivas del marxismo. Los marxistas no podían aceptar que la mejora de la capacidad de producción fuera, en realidad, un elemento destructivo y consideraban el decrecimiento como el enemigo.

Sin embargo, las ideas del último Marx, que quiso explorar la posibilidad de un cambio social partiendo de las comunidades del mundo no occidental y precapitalista, no solo difieren por completo de su imagen comúnmente aceptada. La radicalidad de su pensamiento, tras abandonar el determinismo de las fuerzas productivas y el eurocentrismo en sus últimos años, ni siquiera permite su maquillaje en un constructo políticamente correcto, para solaz de algunos marxistas.

Marx había llegado mucho más lejos, hasta el punto de delinear el comunismo decrecentista como un proyecto de superación auténtica del capitalismo.

En este sentido, el objetivo de este libro trasciende la pura y simple aclaración de lo que Marx entendía en sus últimos años por «comunismo». Comprendiendo en toda su extensión el punto culminante de sus reflexiones es como se puede alumbrar un nuevo concepto llamado «comunismo decrecentista», nunca antes propuesto, y armarnos con él para concebir la sociedad del futuro.

Una reinterpretación de la *Crítica del programa de Gotha*

¿Es esta una interpretación interesada y traída por los pelos? No, de ninguna manera.

Para indagar en esta cuestión, es necesario analizar la *Crítica del programa de Gotha*, que Marx redactó en 1875. En este texto, Marx diserta sobre la reforma de la sociedad occidental. Me gustaría llamar la atención sobre una expresión que aparece en un conocido párrafo: «riqueza colectiva». Se trata de un famoso pasaje en el que habla de una gran transformación del sentido de la riqueza cuando la gente quede liberada de la opresión del capital y recupere la libertad en el trabajo.

> En una fase superior de la sociedad comunista, una vez que haya desaparecido la avasalladora sujeción de los individuos a la división del trabajo y con ella también la oposición entre el trabajo intelectual y el trabajo manual; una vez que el trabajo no sea ya solo medio de vida, sino incluso se haya convertido en la primera necesidad vital; una vez que con el desarrollo multilateral de los individuos hayan crecido también sus capacidades productivas y todos los manantiales de la *riqueza colectiva* fluyan con plenitud, solo entonces podrá superarse el estrecho horizonte del derecho burgués y la sociedad podrá escribir en sus banderas: ¡de cada cual según sus capacidades, a cada cual según sus necesidades![33]

De acuerdo con Marx, en el comunismo la producción pasaría de ser una de tipo capitalista, siempre en busca de la acumulación del dinero o del patrimonio privado, a otra en que la riqueza colectiva (*der genossenschaftliche Reichthum*) se gestiona en común. Este planteamiento se corresponde, precisamente, con las ideas derivadas del concepto de lo común.

Antes de escribir esto, Marx ya había empleado la palabra «colectivo» (*genossenschaftlich*) con cierta frecuencia. Esta palabra en alemán tiene matices semánticos como «tipo cooperativas» o «tipo asociaciones» y, normalmente, se emplea para expresar ideas tales como, por ejemplo, «producción cooperativa» o «métodos de producción cooperativos».

Sin embargo, la expresión «riqueza colectiva» solo aparece una vez en la *Crítica del programa de Gotha*. Su traducción como «riqueza de las cooperativas», ateniéndonos a los ejemplos anteriores, chirría; además, si se interpretara literalmente, la frase «mejoren también las fuerzas productivas y comiencen a borbotear con más vigor los manantiales de la riqueza de las cooperativas», se convertiría en un canto a favor del determinismo de las fuerzas productivas. Es imposible que Marx siguiera anclado en esta idea en la década de 1870.

En tal caso, es altamente probable que el verdadero sentido de la palabra *genossenschaftlich* en la *Crítica del programa de Gotha* emane de otro lugar distinto al de sus obras anteriores. ¿De dónde, entonces?

No es en absoluto descartable, considerando también el momento de su redacción, que su origen se encuentre en las comunidades de la marca (*Markgennosenschaft*) de los pueblos germanos. Es posible que lo que Marx aprendió, a través de las investigaciones de las comunidades de la marca y de las propiedades comunales de las *mark gennosenschaft*, esté influyendo en la redacción de este párrafo. Si así fuera, se debería traducir como «riqueza comunitaria» y no como «riqueza colectiva». Y decir que se gestiona en común la «riqueza comunitaria» resulta muy natural.

Por lo tanto, ¿no estará queriendo decir que el carácter comunitario-social del comunismo también debe ser reconstruido en Occidente, tomando como modelo los métodos de gestión de la riqueza de las comunidades de la marca? Estos, en definitiva, son los principios de la economía estacionaria y los que, precisamente, permitirían la abundancia de una riqueza que pareciera fluir a raudales. Por supuesto, esta abundancia no significa una producción infinita de cualquier cosa, sino, como se verá en detalle en el capítulo 6, una abundancia radical de lo común.

Esta es la gran transformación teórica que Marx logró en sus últimos años.

Ser los testamentarios de Marx

Es cierto que Marx no dejó plasmada en ningún sitio, de forma expresa y concreta, la imagen del comunismo decrecentista. Pero esta idea, como punto culminante de las reflexiones del último Marx, emerge simplemente al ir conectando sus investigaciones en ciencias naturales y de las comunidades que se encuentran dispersas entre los documentos recopilados en MEGA.

En resumen, esta es una imagen de Marx que nadie había advertido antes, pero cuya inadvertencia está en el origen del actual declive del marxismo y del agravamiento de la crisis ambiental. Los viejos marxistas han estado ofuscados por el determinismo de las fuerzas productivas y ni siquiera los marxistas críticos con la URSS habían podido desembarazarse por completo de este constructo.

Sin embargo, si se considera la gravedad de la crisis ecológica a la que se enfrenta la sociedad actual, provocada por el desarrollo descontrolado de las fuerzas productivas, no existe margen alguno de maniobra. Además, si se tiene en cuenta la dificultad del desacoplamiento, vista en el capítulo 2, ni el ecosocialismo es una opción satisfactoria.

Ahora que la globalización del capitalismo ha alcanzado dimensiones incomparables a la del siglo XIX y sus contradicciones amenazan la mismísima existencia humana, debemos avanzar decididamente hacia el comunismo decrecentista del último Marx. La «Carta a Zasúlich», escrita en el ocaso de su vida, es el testamento indispensable de Marx para que nosotros sobrevivamos al Antropoceno.

Marx no pudo completar *El capital* debido a lo desmesurado de su transformación teórica. Sin embargo, precisamente en la cúspide de este debate inconcluso están enterradas las pistas para la sociedad futura que necesitamos.

Por eso, para enfrentarnos a la crisis del Antropoceno, hay que atreverse a una nueva interpretación audaz y valiente, que elabore y madure los frutos de la crítica al capitalismo del último Marx y herede *El capital* inacabado como la teorización del comunismo decrecentista.

Capítulo 5

Una evasión de la realidad llamada «aceleracionismo»

Hacia *El capital* en el Antropoceno

Como ha quedado claro de lo expuesto hasta aquí, lo que se necesita en esta era de crisis climática es comunismo.

Ahora que la actividad económica en expansión continua está a punto de destruir el planeta, debemos ser nosotros, con nuestra acción directa, quienes detengamos el avance del capitalismo; si no, la historia de la humanidad llegará a su fin. La clave está en demandar un sistema social que no sea capitalista. El comunismo es la opción de futuro por la que debemos decantarnos en el Antropoceno.

Pero decir «comunismo», a secas, no ofrece una definición muy precisa de lo que se pretende. Y es que hay muchas formas de plantear un sistema comunista. Este libro aspira al comunismo decrecentista, que es el que emana directamente de las ideas del último Marx. Pero existen otras opciones. Una de ellas busca alcanzar el comunismo a base de acelerar cada vez más el crecimiento económico: el «aceleracionismo de izquierda» (*left accelerationism*), una corriente de opinión que está creciendo en Europa y Estados Unidos en los últimos años.

Francamente, el aceleracionismo no es más que el engendro que resulta cuando se avanza por la senda del marxismo malinterpretado ignorando las ideas del último Marx. Es decir, el producto de haber permanecido, durante 150 años, en el error del «determinismo de las fuerzas productivas como la quintaesencia del marxismo». Aun así, su potencial se está debatiendo entre los sinceramente preocupados por la amenaza de la crisis climática.

En lo que sigue, me gustaría analizar y criticar el aceleracionismo como la antítesis de lo correcto, un mal ejemplo que conviene evitar. Confío en que esta exposición haga más fácil imaginar el comunismo decrecentista que aquí se propone.

Este es el objetivo del capítulo 5.

¿Qué es el aceleracionismo?

El aceleracionismo persigue un crecimiento sostenible. Asevera que en el comunismo que se alcance por la vía de la innovación tecnológica capitalista, el crecimiento económico totalmente sostenible será una realidad.

Por ejemplo, siguiendo esta corriente, el joven periodista británico Aaron Bastani ha propuesto el «comunismo de lujo totalmente automatizado» (*fully automated luxury communism*) y está ganando popularidad.

Bastani reconoce que el cambio climático y la cuestión de la explosión demográfica son los grandes problemas que afronta la civilización en el siglo XXI. El aumento de la población y el desarrollo económico, sobre todo en los países en vías de desarrollo, están multiplicando el consumo de todo tipo de recursos y la superficie necesaria de tierras de cultivo, con el consiguiente incremento de la carga ambiental. La situación puede acarrear consecuencias irreversibles en estos momentos de crisis climática. Pero tampoco sería lícito obligar a los habitantes de estos países a permanecer en la miseria. Bastani ve aquí un dilema y un gran obstáculo para los movimientos ambientalistas.

Hasta aquí, nada que objetar. Este libro comparte su diagnóstico del problema. A partir de aquí, sin embargo, nuestros puntos de vista difieren. Y mucho. Bastani cree que recurriendo a las nuevas tecnologías, que muestran un desarrollo espectacular en los últimos años, todos estos problemas se podrían solucionar de golpe.

Según él, la innovación tecnológica actual representa un punto de inflexión en la historia de la humanidad equiparable al comienzo de la agricultura o el uso de combustibles fósiles.

Para la cría de ganado se requieren enormes extensiones de terreno. ¿Qué hacer? Reemplazar la carne auténtica con carne artificial que se produzca en fábricas. ¿Qué hacemos con las enfermedades que nos aquejan? Resolverlas con ingeniería genética. La automatización liberará al hombre del trabajo; pero ¿cómo obtenemos la electricidad para mover los robots? ¡Recurriendo a la energía solar, inagotable y gratuita![1]

Evidentemente, la cantidad de litio o cobalto que existe en el planeta es limitada. Pero, en opinión de Bastani, esto tampoco sería un problema. El avance de las tecnologías de extracción de recursos espaciales permitirá obtenerlos de pequeños planetas que existen en torno a la Tierra. Para Bastani no existen los límites naturales.

Por supuesto, las tecnologías como las mencionadas aún no están lo bastante desarrolladas como para ser de aplicación universal, e incluso si se comercializaran, no resultarían rentables. Aun así, él es optimista. Por obra del crecimiento tecnológico exponencial, como indica la ley de Moore, prevé que estas tecnologías se implementen y sean prácticas en breve.

Su difusión elevará la capacidad de producción en todas las áreas de aplicación y, finalmente, hasta el mecanismo de precios de los mercados se verá sacudido por un cambio revolucionario. Esto es porque el mecanismo de precios solo funciona en aquellos ámbitos en los que existe escasez. Por ejemplo, el aire existe en abundancia; por lo tanto, no tiene precio. Al igual que el aire, y a diferencia de los combustibles fósiles, la luz solar o el calor de la Tierra abundan, por lo que, si se amortizara el coste de las instalaciones para aprovecharlos, se convertirían en fuentes de energía gratuitas para nosotros.

Promoviendo un crecimiento exponencial de la capacidad de producción, todos los precios seguirán bajando hasta que, al fin, se alcance la «economía de la abundancia», libre de ataduras naturales o monetarias. Este sería el «comunismo de lujo totalmente automatizado» de Bastani.

En el comunismo de lujo totalmente automatizado se podrá hacer un uso ilimitado, libre y gratuito de recursos y bienes sin que tengamos que preocuparnos por problemas medioambientales.

Para Bastani, esta sería la materialización del comunismo de Marx, de acuerdo con su afirmación «a cada cual, según sus necesidades».

Ecomodernismo resignado

Sin embargo, predicciones optimistas como las de Bastani son, precisamente, formas típicas de determinismo de las fuerzas productivas del que renegó el último Marx. Es una corriente de opinión que últimamente se conoce como «ecomodernismo» (*ecomodernism*). El ecomodernismo comprende un conjunto de ideas orientadas a «gestionar y operar» la Tierra haciendo un uso sistemático y profundo de la generación eléctrica nuclear o las NET (véase p. 192). En vez de reconocer los límites de la naturaleza y buscar la convivencia con ella, lo que pretende es dominarla y controlarla para ponerla al servicio de la humanidad. Lo que promueve el The Breakthrough Institute, referido en el capítulo 2, es este ecomodernismo.

El problema del ecomodernismo está en su actitud resignada: alcanzado este nivel de gravedad de crisis ecológica, ya no hay vuelta atrás. Por eso, hay que redoblar la apuesta por una aún mayor intromisión en la naturaleza con el fin de someterla para nuestro provecho y defender nuestro modo de vida.

Por ejemplo, el filósofo francés Bruno Latour, partidario del ecomodernismo, afirma que «debemos amar a nuestros monstruos», en referencia a las tecnologías, y considera imperdonable renunciar a ellas.[2]

Huelga decir que el ecomodernismo de Bastani o Latour es lo que Rockström llama «evasión de la realidad». En el capítulo 2 conocimos la falacia de los defensores del crecimiento económico verde. En la medida en que persistan las dificultades del desacoplamiento, aunque se instaure un sistema comunista, jamás se podrán compaginar la sostenibilidad ambiental y el crecimiento económico ilimitado.

Incluso bajo el comunismo de tipo aceleracionista de Bastani, si se pretendiera duplicar o triplicar la dimensión de la economía, se terminaría requiriendo la extracción de más recursos. Como consecuencia, lo que se ganase con el reemplazo de los combustibles fósiles por la luz solar se perdería con el incremento de la demanda y, al final, aumentarían las emisiones de CO_2. La paradoja de Jevons (véase p. 75) reaparecería también en el comunismo.

El aceleracionismo persigue un mayor crecimiento para solucionar el problema de la pobreza en el mundo y, para ello, se afana en sustituir los combustibles fósiles, por ejemplo, por otras fuentes de energía. Pero, irónicamente, esto acabaría intensificando el saqueo de la Tierra y derivando en un imperialismo ecológico incluso peor que el actual.

¿Política *folk*? ¿Cuál?

Los problemas del aceleracionismo no son solo estos. No es solo que el aceleracionismo sea inviable en el plano científico, sino que el propio proceso hacia el cambio propuesto es problemático.

El aceleracionismo ha criticado repetidas veces a la izquierda ulterior a la Guerra Fría. Han sido blanco de las críticas del aceleracionismo las distintas manifestaciones del movimiento ecologista, como los cultivos orgánicos, la *slow food*, la producción y el consumo locales, el vegetarianismo, etcétera, que, dada su naturaleza, siempre han sido movimientos locales de dimensiones reducidas. El aceleracionismo los critica, precisamente, porque los considera acciones insignificantes e inútiles frente al mastodóntico capitalismo global.

Nick Srnicek y Alex Williams, partidarios del aceleracionismo, llaman a estas iniciativas locales «política *folk*» (*folk politics*).[3] Para ellos, el decrecimiento sería otra forma típica de política *folk*.

¿Cómo pretende el comunismo de lujo de Bastani eludir la trampa de la política *folk*? Su respuesta es «elecciones». A través del eleccionismo, quiere dar alas al populismo de izquierda.[4]

Su razonamiento es el siguiente: para que la innovación tecnológica que haga realidad una economía de la abundancia avance lo más rápido posible, los Estados deben inducirla políticamente. Los Gobiernos deben proporcionar financiación para la investigación y el desarrollo, y ofrecer activamente subvenciones de todo tipo. También serán necesarias reformas legislativas decididas para facilitar la desregulación. Para eso son precisos partidos políticos que lideren el movimiento y promuevan con convicción la ejecución de políticas orientadas a la consecución de estos objetivos. La ciudadanía debería apoyar estas iniciativas mediante el voto. Esta sería la estrategia del populismo de izquierda estilo Bastani.

Sin embargo, por sincero que sea el objetivo del gran cambio social de Bastani, el plan de una revolución comunista a través de elecciones es demasiado ingenuo, en otro sentido diferente al de la crítica de la política *folk* por los aceleracionistas. Es más, de tan ingenua, resulta hasta peligrosa.

Sencillamente, creer que con reformas políticas se podrá superar el capitalismo, que implica una transformación fundamental en el ámbito de las relaciones de producción, es de una ingenuidad pasmosa. Un pensamiento típicamente politicista.[5]

La contrapartida del politicismo: ¿las elecciones cambian la sociedad?

El politicismo consiste en elegir a buenos líderes en el marco de la democracia parlamentaria mediante elecciones y, después, dejar en manos de los políticos y especialistas las propuestas y los cambios de sistemas y leyes. Esperar la aparición de líderes carismáticos y, cuando surjan, votarlos. La clave de la transformación sería, por lo tanto, el cambio del sentido del voto.

Sin embargo, el resultado sería, necesariamente, una reducción del espacio de la lucha política al del enfrentamiento electoral: proclamas y manifiestos, nombramiento de candidatos y otras estrategias de imagen a través de los medios de comunicación tradicionales y las redes sociales.

La contrapartida es evidente. Bastani dice defender el comunismo, pero olvida que la esencia del comunismo es la transformación radical de las relaciones de producción. El comunismo de Bastani, sin embargo, al ser un proyecto político, que busca realizarse a través de la política y de las políticas, se olvida de la reforma en el ámbito de la producción, es decir, pierde por completo la perspectiva de la lucha de clases.

Es más, las medidas radicales de acciones directas, como huelgas, manifestaciones o sentadas —anticuados métodos de la lucha de clases— se empiezan a descartar y rechazar con el argumento de que deterioran la imagen de los candidatos y suponen un obstáculo para la conformación de frentes comunes en las elecciones. Y comienza a prevalecer entre la gente la idea de que «es mejor dejar en manos de los profesionales las políticas para el futuro».

De esta forma, las opiniones ingenuas del ciudadano común son acalladas frente a la autoridad de las opiniones de los expertos. Aunque las medidas politicistas, jerarquizadas y verticales, puedan parecer efectivas a simple vista, tienen como contrapartida la contracción de los espacios democráticos y un serio socavamiento de la conciencia de la relevancia de sus partícipes.

En efecto, procurar reformas sociales a través, sobre todo, de la política es lo que proponen los economistas como Stiglitz. Recordemos la crítica de Žižek a Stiglitz (véase p. 109). No se pueden ensanchar los espacios democráticos y reformar el conjunto de la sociedad solo a través de la política parlamentaria. El politicismo completa su recorrido en cuanto se da de bruces contra la fuerza del capital. La política se comporta, no de forma autónoma respecto de la economía, sino de forma «heterónoma».

Los Estados son incapaces de promulgar leyes con la suficiente capacidad de coerción para doblegar la fuerza del capital (si lo fuesen, ya lo habrían hecho hace tiempo). Por eso, es necesario ampliar el alcance de la política a través de movimientos sociales que opongan resistencia al dominio del capital.

Reforma de la democracia a través de las asambleas ciudadanas

Uno de esos ejemplos, que está llamando la atención en Europa y Estados Unidos en los últimos años, son las «asambleas ciudadanas ambientales». La popularidad alcanzada por las asambleas ciudadanas (*citizens assembly*) se debe al movimiento ambiental británico Extinction Rebellion y al movimiento de los chalecos amarillos francés. A pesar de su diferente origen, con sus acciones de bloqueo de carreteras y puentes, detención de los medios de transporte y otras, estos movimientos paralizaron el funcionamiento normal de las ciudades y causaron un enorme revuelo y confusión sociales.

Estos radicales, cuyos integrantes ni siquiera temían ser detenidos por las autoridades, fueron objeto de una amplia cobertura informativa en todo el mundo; pero en Japón apenas se conocen sus logros. Se suele creer, por ejemplo, que el de los chalecos amarillos fue un movimiento de protesta de personas de rentas bajas, como camioneros o agricultores, contra la imposición de tasas a los combustibles fósiles como medida contra el cambio climático por parte del elitista concienciado Macron. Por eso, en los medios apenas se habla de las asambleas ciudadanas.

En realidad, entre los chalecos amarillos había ambientalistas que defienden medidas mucho más contundentes contra el cambio climático. La crítica a Macron se debió a que, aunque por un lado elevaba el precio de los combustibles fósiles, trató de aligerar la carga impositiva a los ricos, los grandes emisores de CO_2. Además, había ido reduciendo el transporte público fuera de las grandes urbes imponiendo un modo de vida en el que el uso del vehículo propio resultara imprescindible.

La presión de las críticas llevó a Macron a declarar, en enero de 2019, la organización de un gran debate nacional, que se materializó en la celebración de unas diez mil asambleas en distintas comunas por todo el país, de las que surgieron más de dieciséis mil propuestas. Sin embargo, no pocos franceses se sintieron defraudados por un debate que percibieron más simbólico que real. De nuevo, arreciaron las críticas y, en abril del mismo año, Macron accedió a la celebración de la asamblea ciudadana ambiental que había prometido hacía tiempo.

De esta forma, en Francia comenzaron a celebrarse asambleas ciudadanas de unas ciento cincuenta personas. Por fin, las asambleas ciudadanas recibieron el encargo de la elaboración de las medidas destinadas a la reducción del 40 % (respecto a 1990) de las emisiones de gases de efecto invernadero.

Lo más característico de las asambleas ciudadanas es su método de nombramiento. Sus miembros se eligen por sorteo, no a través de votaciones. Esta es una diferencia crucial respecto al Parlamento nacional. No obstante, este sorteo no es una rifa sobre una muestra del todo aleatoria, sino sobre una previamente ajustada por edad, sexo, formación académica, lugar de residencia, etcétera, de forma que sea representativa de la estructura poblacional del país.

Después, en las asambleas ciudadanas, los expertos imparten conferencias, los participantes debaten entre ellos y, por último, se decide qué hacer mediante votación.[6]

El resultado de la asamblea ciudadana francesa que se presentó ante la ministra de Medio Ambiente, Elisabeth Borne, el 21 de junio de 2020, merece mención aparte. Los 150 ciudadanos elegidos por sorteo plantearon unas 150 medidas para luchar contra el cambio climático. Entre ellas, la prohibición de la construcción de aeropuertos a partir de 2025, la supresión de vuelos domésticos, la prohibición de anuncios de coches o la introducción de gravámenes específicos a los ricos para el problema en cuestión. Además, solicitaron la inclusión explícita en la Constitución francesa de medidas de lucha contra el cambio climático o un referéndum nacional para la tipificación del «ecocidio».

La radicalidad de las propuestas de las asambleas ciudadanas no se puede entender sin tener en cuenta la transformación drástica del funcionamiento de la democracia. Conviene recalcar también el hecho de que este cambio se originó en movimientos sociales.

Los chalecos amarillos o el Extinction Rebellion han sido acusados con frecuencia de carecer de propuestas concretas. Sin embargo, su demanda de una participación más democrática de la ciudadanía en la política se hizo realidad a través de las asambleas ciudadanas, y las propuestas surgidas en ellas se plasmaron en medidas políticas concretas.

Si estos movimientos se hubieran, simplemente, dedicado a demandar medidas concretas por los canales habituales, quizá hubiesen tenido algo de eco en algunas medidas políticas; pero lo más probable es que no hubiesen llegado a tanto como reformar la democracia parlamentaria, lo que habría atenuado sus exigencias y habría impedido la adopción de medidas innovadoras. En definitiva, las asambleas ciudadanas demostraron que los movimientos sociales pueden reformar la democracia sin caer en el «maoísmo climático» y son capaces de aprovechar la fuerza de los Estados.

Ciudadanos impotentes por la subsunción en el capital

A pesar de la posibilidad de cambiar la política por distintos medios, como a través de las asambleas ciudadanas, quizá a muchos la propuesta de Bastani pueda parecerles más atractiva. Dejar el futuro en manos de políticos profesionales y expertos en tecnología es fácil, nos ahorra esfuerzos y dolores de cabeza. Si Bastani tuviera razón, solo tendríamos que mantenernos en contacto con los amigos a través de las redes sociales, estar entretenidos viendo películas en Netflix y votar en las elecciones. Ni los altos préstamos para los estudios ni la inseguridad laboral ni el cambio climático nos quitarán el sueño, y la sociedad llegará a ser un lugar mejor.

Bastani no nos exige, en ningún caso, un cambio radical de nuestro modo de vida imperial. Con ir a votar, podremos seguir cambiando de iPhone cada dos años, seguir disfrutando del *fast fashion* de ZARA o H&M, y seguir comiendo hamburguesas en McDonald's. Exagerando un poco, en el comunismo de lujo de Bastani seríamos perfectamente libres de recorrer en jet privado los restaurantes con estrellas Michelin de todo el mundo. Con las nuevas tecnologías nos podremos olvidar de la finitud de los recursos naturales y de los límites planetarios.

Como ilustran estos ejemplos, el comunismo de lujo de Bastani se transforma con facilidad en abundancia consumista y queda rendido al capitalismo. En definitiva, a pesar de la apariencia de radicalidad, la propuesta de Bastani es, en el fondo, un remedo del modelo capitalista de Silicon Valley.

Es decir, a pesar de que Bastani critica el capitalismo, lo cierto es que siente fascinación por él. Pero muchos sucumben a los encantos de su aceleracionismo.

Esta es la otra cara de lo incapaces que nos hemos vuelto los habitantes de los países desarrollados. Inermes e impotentes, estamos interiorizando, de forma inconsciente, que no podemos ni sabemos vivir sin capitalismo. Por eso, hasta la izquierda, de la que se esperan contrapropuestas al capitalismo, padece una preocupante falta de imaginación.

La humanidad ha alcanzado un nivel de desarrollo tecnológico nunca antes visto con el que pretende dominar y someter la naturaleza alterando significativamente el normal funcionamiento del planeta entero. Pero, al mismo tiempo, el individuo se está volviendo cada vez más incapaz frente a la naturaleza.

Es una tendencia que no distingue entre el grado de conciencia ecológica de la gente. Aunque optemos por productos orgánicos, buscando ser más respetuosos con la naturaleza y queriendo cuidar nuestra salud, lo cierto es que la inmensa mayoría de nosotros seríamos incapaces de comer salmón o pollo sin que estos alimentos se nos ofrezcan en forma de productos envasados cuidadosamente y dispuestos a nuestro alcance en la sección de alimentación de los supermercados de turno.

Casi nadie es capaz de criar ganado o pescar sin ayuda y preparar la carne y el pescado para su ingesta. Pero este no era el caso de la mayoría de nuestros antepasados relativamente recientes. Estos incluso fabricaban con sus propias manos los utensilios e instrumentos con los que cazar o pescar. Comparados con ellos, nosotros, embaucados por el capitalismo, nos hemos convertido en unos seres incapaces. No sabemos vivir sin la mediación de las mercancías. Estamos perdiendo las habilidades y los conocimientos para convivir con la naturaleza.[7] Por eso somos incapaces de hacer que la vida en las ciudades funcione sin el saqueo de la periferia.

El estilo de vida LOHAS,* de moda hace un tiempo, tampoco trató de vencer esta incapacidad. Abordó el pro-

* LOHAS: acrónimo inglés de Lifestyles of Health and Sustainability. Se trata de un estilo de vida centrado en la salud y en un consumo ecológico y sostenible. *(N. del T.).*

blema de la sostenibilidad tan solo desde el lado del consumo y fracasó. Un simple cambio en la conciencia como consumidores queda fácilmente contrarrestado por la búsqueda permanente de crecimiento de la economía de las mercancías.

Marx llamó a esto «subsunción» en el capital. Nuestras vidas están siendo subsumidas en el capital y se están quedando impotentes ante él. Al igual que sucedía con el LOHAS, la propuesta de Bastani no puede superar el sometimiento al capital.

De la subsunción a la tiranía del capital

La subsunción en el capital nos ha arrebatado las habilidades y la iniciativa, y nos ha incapacitado para vivir sin depender de la ayuda de las mercancías y del dinero. Estamos tan acomodados en esta dependencia que ni siquiera somos capaces de imaginar otros mundos.

En palabras del marxista estadounidense Harry Braverman, la subsunción de toda la sociedad en el capital ha separado el saber del hacer. Voy a explicar brevemente qué significa esto.

En origen, el trabajo humano era el producto de la integración del saber y el hacer, es decir, era saber hacer. Por ejemplo, los artesanos imaginan la construcción de una silla y ejecutan la idea con la ayuda de herramientas, como el cincel o la garlopa. Aquí se observa un flujo unificado de una secuencia de procesos.

Sin embargo, esto es un inconveniente para el capital. Si la producción dependiera enteramente de la capacidad técnica y la perspicacia del artesano, aquella deberá ajustarse al ritmo y al tiempo requeridos por este y no se podría aumentar la productividad. Si se le fuerza a producir más, el artesano orgulloso quizá pueda ofenderse y abandonar la tarea.

El capital observa con atención el trabajo de los artesanos. Fragmenta y simplifica el proceso de producción, mide el tiempo requerido en cada tarea y reconfigura la división del trabajo de la forma más eficiente. Cuando esto sucede, el artesano ya no tiene nada que hacer: su labor ha quedado desmembrada en un conjunto de tareas simples que cualquiera puede llevar a cabo; pero ahora los productos se obtienen en menos tiempo y son de la misma o incluso de mejor calidad.

Es la ruina del artesano. El saber queda monopolizado por el capital. Los obreros contratados, reemplazando a los artesanos, se limitan a hacer lo que les ordena el capital. El saber y el hacer han sido desgajados.[8]

La mejora del rendimiento de las operaciones multiplica la capacidad de producción de la sociedad; pero esto ocurre a costa de la reducción de la del individuo. Los trabajadores modernos ya no son capaces de elaborar un producto completo de principio a fin, como antaño hacían los artesanos. Quienes ensamblan televisores y ordenadores desconocen cómo funcionan estos artilugios.

Ahora, los trabajadores solo pueden actuar subsumidos en el capital. De esta forma, los trabajadores a quienes se les ha arrebatado la iniciativa se van convirtiendo en meras piezas accesorias de las máquinas. Pierden la iniciativa que les confiere el saber.

Mientras tanto, y en proporción, el capital aumenta su dominio. Y así se completa la tiranía del capital, mediante la reconfiguración del proceso de trabajo a través de la subsunción.

La subsunción actual en el capital se extiende hacia distintos ámbitos más allá del proceso de trabajo. Como consecuencia, a pesar del desarrollo de las fuerzas productivas, somos incapaces de imaginar el futuro. Cada vez estamos más sometidos al capital y más limitados a ejecutar mecánicamente sus órdenes.

La tecnología y el poder

Teniendo en cuenta que la tiranía del capital se completa según lo descrito, se podrá comprender mejor la auténtica peligrosidad del aceleracionismo de Bastani. Si solo se persiguiera estimular el desarrollo de nuevas tecnologías, el saber y el hacer se distanciarán cada vez más y la tiranía del capital se reforzaría aún más.

Si esto sucediera, solo un puñado de especialistas y políticos que gozase del monopolio de los conocimientos tendría el poder para decidir qué tecnologías usar y cómo. El capital solo debería tener en cuenta a este selecto grupo. Aunque se pudieran solucionar todo tipo de problemas recurriendo a las nuevas tecnologías, lo más probable es que se implementarán soluciones unilateralmente dictadas desde arriba que favorecieran solo a unos pocos.

Vamos a analizar este problema tomando como ejemplo la geoingeniería (ingeniería climática), una tecnología que está ganando protagonismo como respuesta al cambio climático.

Existen muchos tipos de geoingeniería, pero la característica común a todas ellas es que intervienen en los sistemas de la Tierra para manipular el clima. Se han propuesto muchas tecnologías, como inyectar aerosol de ácido sulfúrico en la estratosfera que interrumpa (refleje) la luz solar para enfriar la Tierra; instalar espejos en el espacio para reflejar la luz del sol; fertilizar los océanos con hierro para estimular la floración de fitoplancton y estimular la fotosíntesis, etcétera. Hasta Paul Crutzen, autor del concepto Antropoceno, se muestra favorable a la geoingeniería. Sin duda, se trata de un proyecto emblemático del Antropoceno.

Sin embargo, el efecto de la liberación de grandes cantidades de azufre o hierro en la atmósfera o en los océanos, así como sus efectos secundarios sobre los ecosistemas o la vida de las personas, está plagado de incógnitas. La probabilidad de que las consecuencias de la geoingeniería agudicen los problemas de lluvias ácidas o de contaminación atmosférica, o de que la contaminación del agua o de la tierra cause un gran impacto en la agricultura o la pesca es alta. Una alteración del ciclo de lluvias podría empeorar aún más la situación, ya en extremo crítica, de determinadas regiones.

Pero se efectuarán cálculos minuciosos para que las áreas perjudicadas sean de Asia y África, y no de América y Europa. Es un nuevo comienzo de la trillada historia capitalista de transferencia de las cargas al exterior y de profundización de la fractura en el metabolismo.

Aun así, ¿podemos considerar realmente deseable un modelo de sociedad jerárquica dominado por la confabulación de unos cuantos políticos con el capital?

La filosofía de la tecnología de André Gorz

La censura al aceleracionismo podría ser objeto de crítica por parte de quienes perciban en ella un rechazo al desarrollo de la capacidad productiva y del progreso tecnológico que ocurre en el capitalismo y una invitación a volver a la vida rústica y primitiva. Sin embargo, el Marx de la última etapa ni había abandonado la ciencia ni estaba proponiendo una vuelta a las formas de vida de las comunidades campesinas.

Ciertamente, como vimos en el capítulo 4, en sus últimos años, Marx había rechazado la visión de la historia como progreso y apreciaba una economía estacionaria enraizada en la tradición, como la que observó en las comunidades de tipo precapitalista. Sin embargo, esto no significa que renegara de la ciencia o la tecnología. De hecho, Marx abogaba por que los productores regulasen racionalmente ese metabolismo recurriendo a las ciencias naturales.[9]

Debatir si se abandona la ciencia o no es una discusión desquiciada y estéril. Es evidente que se debe promover el desarrollo de nuevas tecnologías, como las energías renovables o las tecnologías de telecomunicación.

En este punto, cabe destacar la reflexión rica en matices de los últimos años del marxista francés André Gorz.

En primer lugar, Gorz señala claramente la peligrosidad del desarrollo tecnológico bajo el capitalismo. Según él, el determinismo de las fuerzas productivas, que lo deja todo en manos de los expertos, conduce, en última instancia, a la negación de la democracia y a la «negación de la política y la modernidad».[10]

Partiendo de esta base, Gorz afirma que, para sortear los riesgos que implica el determinismo de las fuerzas productivas, es necesario distinguir entre tecnologías abiertas y tecnologías cerradas. Las tecnologías abiertas serían aquellas que «estimulan la comunicación, la colaboración y el intercambio con los demás». Por el contrario, las tecnologías cerradas serían las que separan a la gente, «esclavizan a sus usuarios» y «monopolizan el suministro de productos y servicios».[11]

Uno de los ejemplos más representativos de las tecnologías cerradas es la generación eléctrica nuclear. Durante muchos años, la energía nuclear fue considerada una energía limpia. Sin embargo, dados sus problemas de seguridad, las centrales nucleares están aisladas de los núcleos de población y sus asuntos deben ser gestionados en secreto. Esta situación lleva a una dinámica de encubrimientos que termina provocando graves accidentes.

Es imposible gestionar la energía nuclear de forma democrática. La propia naturaleza de las tecnologías cerradas no se presta a controles de tipo democrático y requiere políticas centralizadas y de arriba abajo. La tecnología y la política no son cuestiones aisladas e independientes. Determinadas tecnologías están relacionadas con determinadas modalidades políticas.

Por supuesto, desde la perspectiva del cambio climático, tanto la geoingeniería como las NET son tecnologías cerradas.

Las tecnologías cerradas son inadecuadas para la crisis global

La geoingeniería depara cambios irreversibles y a gran escala en la Tierra. Por eso, antes de perseguir únicamente el crecimiento económico y vernos abocados a recurrir a estas tecnologías, debemos detenernos a reflexionar sinceramente sobre los inconvenientes de esta vía y barajar otras soluciones más democráticas.

Sin embargo, cuanto más se agraven las crisis, más exclusivamente enfocada en la supervivencia se vuelve la gente y con menos margen para pararse a pensar. Cuando eso suceda, ya será demasiado tarde. Aunque líderes con mano dura restrinjan severamente las libertades ciudadanas, si la elección fuera a vida o muerte, se aceptarán esas restricciones. Lo que espera al final de ese camino es el maoísmo climático, nacionalismos excluyentes y sistemas autoritarios y antidemocráticos.

Sin embargo, la crisis climática es global. A diferencia de las cargas y perjuicios transferibles a la periferia, en última instancia, con independencia del nivel de desarrollo alcanzado por los países, ninguno podrá eludir las consecuencias destructivas de la crisis ecológica. En tal caso, se nos plantea una prueba de fuego para nuestra capacidad de solidarizarnos con el fin de evitar el desastre.

Por eso, son claramente inadecuadas las tecnologías cerradas que dan preferencia a los países desarrollados y sacrifican a las personas del exterior, como la geoingeniería o las NET.

Tecnologías que castran la imaginación

El problema de las tecnologías es profundo. En el mundo actual, la invención de nuevas tecnologías se celebra como el amanecer de un futuro fabuloso nunca antes imaginado. Hasta se habla de «revolución» tecnológica. Se destinan cada vez mayores cantidades de impuestos y fuerza de trabajo en este empeño por desarrollar tecnologías prácticas (mientras las Humanidades ven recortados sus presupuestos por inútiles).

Sin embargo, lo que prometen las tecnologías ecomodernistas, como la geoingeniería o las NET, brillantes a simple vista, es un futuro en el que se seguirán consumiendo combustibles fósiles, exactamente igual que hasta ahora. El brillo cegador de estas tecnologías de ensueño impide ver el auténtico problema, a saber: que lo realmente absurdo es el mantenimiento del *statu quo*. Aquí, la tecnología misma se convierte en la ideología que oculta lo irracional del sistema existente.

Dicho de otro modo: frente a esta crisis, las tecnologías reprimen y excluyen la posibilidad de crear otro estilo de vida completamente diferente, así como sociedades libres de carbono.

La crisis debería constituir una oportunidad para reflexionar sobre nuestro proceder y comenzar a imaginar un futuro diferente. Sin embargo, las tecnologías en manos exclusivas de los expertos nos despojan de la capacidad de imaginar y planificar, imprescindible para construirlo. No obstante, me temo que no son pocos los que confían a pies juntillas en que las tecnologías terminarán resolviendo los problemas del cambio climático.

Es decir, la tecnología como ideología es una de las causas fundamentales de la preocupante falta de imaginación que permea la sociedad actual. Con el fin de volver a ser capaces de imaginar otra sociedad, debemos desafiar la subsunción en el capital y recuperar la creatividad. El comunismo decrecentista de Marx constituye la fuente de esa creatividad.

Otro concepto de abundancia

He tratado con cierto detenimiento el aceleracionismo de Bastani porque las cuestiones debatidas por él evidencian los problemas a los que nos enfrentamos. Es decir, para recuperar la imaginación, debemos superar las tecnologías cerradas y otear nuevos horizontes que no puedan ser dominados por compañías gigantes, como GAFA (Google, Apple, Facebook y Amazon).

Para ello, lo primero que necesitamos son tecnologías abiertas que venzan la tentación de las políticas jerárquicas de arriba abajo que traen consigo las tecnologías cerradas y explorar las posibilidades que ofrecen otras que fomenten la capacidad de gestión autónoma de la gente.

Al menos, Bastani nos ha dejado claro que la «abundancia» es un concepto peligroso para el capitalismo y, por el contrario, clave en el comunismo. El mecanismo de precios del mercado se basa en la escasez y la abundancia lo altera.

Sin embargo, para desafiar verdaderamente al capitalismo debemos redefinir la abundancia, según otros parámetros distintos a los del consumismo capitalista. Dejar de apostar por un horizonte de desarrollo tecnológico exponencial para proseguir con nuestro modo de vida y, en cambio, transformar este de raíz para vislumbrar un nuevo concepto de abundancia. O sea, desconectar el crecimiento económico de la abundancia y considerar seriamente el par decrecimiento-abundancia.

Alcemos la mirada y observemos el mundo en busca de una nueva abundancia. Nos daremos cuenta de que la sucesión de «reformas estructurales» para el crecimiento económico no ha hecho sino perpetuar y consolidar un mecanismo que ahonda las desigualdades económicas, la pobreza o las restricciones. En efecto, las 26 mayores fortunas del mundo poseen la misma riqueza que 3.800 millones de pobres (aproximadamente la mitad de la población mundial).[12]

¿Es esto pura casualidad? ¿O quizá deberíamos pensar que el capitalismo es un sistema que genera escasez? Se suele creer que el capitalismo es lo que nos colma de riquezas y abundancia, pero ¿no será en realidad al revés?

Escasez y abundancia. Explorando, junto a Marx, la relación entre estos dos conceptos y el capitalismo, en el próximo capítulo reflexionaremos sobre el capital en el Antropoceno.

Capítulo 6

Capitalismo de las carencias, comunismo de la abundancia

El capitalismo genera carencias

¿Cuál de los dos sistemas genera riqueza, el capitalismo o el comunismo? Muchos responderán enseguida que el capitalismo: ha propiciado un desarrollo tecnológico sin parangón en la historia y ha dado lugar a sociedades rebosantes de riqueza material. Así lo creen muchos y, en parte, no les falta razón.

Sin embargo, la realidad no es tan simple. Más bien, debemos preguntarnos si no será el capitalismo la causa de las carencias que padece el 99 % de la humanidad; si en realidad el desarrollo del capitalismo condena a la pobreza a la mayoría de la gente.

Uno de los ejemplos más representativos de las carencias que genera el capitalismo es la que atañe al terreno. Como se comprende con facilidad al ver los casos de Nueva York o Londres, en muchas ciudades los precios de compraventa de pequeños apartamentos alcanzan cifras astronómicas, al igual que los alquileres; si hablamos de inmuebles medianamente espaciosos, las cifras son prohibitivas. El fin último de la compraventa de estos inmuebles no es la residencia, sino la especulación. Y cada vez son más los inmuebles objeto de especulación. Muchos están incluso vacíos.

Por otro lado, los arrendatarios de larga duración son desalojados de sus viviendas al no poder afrontar las subidas de los alquileres, y aumentan los sintecho. El hecho de que haya tantos vagabundos, a pesar de que existen muchos inmuebles vacíos que son objeto de especulación, no merece otro calificativo que el de un auténtico escándalo desde el punto de vista de la justicia social.

Incluso para las clases medias relativamente pudientes, vivir en Manhattan, por ejemplo, es muy difícil. Son muchos los que trabajan al borde del *karôshi** solo para pagar el alquiler. Abrir una oficina o una tienda en el centro de Nueva York o Londres solo está al alcance de los dueños del gran capital.

¿Se puede llamar a esto riqueza? Para muchos, constituye un estado de carencias. Es decir, el capitalismo es un sistema que genera carencias constantes y permanentes.

Por el contrario, a pesar de la creencia habitual, el comunismo articula otro tipo de abundancia.

Por ejemplo, ¿qué sucedería si se prohibiera la compraventa de terrenos con fines de inversión y sus precios cayeran a la mitad o incluso a una tercera parte? El precio de un terreno es artificial. Su aumento o reducción no cambia un ápice su valor de uso (utilidad). Sin embargo, para vivir en ese espacio, la gente dejará de someterse a jornadas laborales extenuantes. En este sentido, se recuperaría abundancia para la gente.

* Palabra japonesa que significa «muerte por exceso de trabajo». *(N. del T.)*.

Y es precisamente Marx quien nos ayuda a explicar la relación entre la escasez que genera el capitalismo y la abundancia que procura el comunismo. La teoría de la acumulación originaria, que aparece en el tomo I de *El capital*, nos ofrece interesantes perspectivas. Veámoslas.

La acumulación originaria agudiza la escasez artificial

El concepto de «acumulación originaria» hace referencia, comúnmente, al «cercamiento» (*enclosure*) practicado principalmente en los siglos XVI y XVIII en Inglaterra, y que supuso la expulsión de los campesinos de las tierras comunales.

¿Por qué el capital practicó el cercamiento? Para obtener mayores beneficios, destinando las tierras cercadas al pastoreo o para practicar la rotación de cultivos, como el sistema Norfolk, que es una forma de gestión de la agricultura en grandes extensiones de terreno con una alta intensidad de capital.

Los agricultores despojados de sus viviendas y medios de producción por culpa de violentos cercamientos recalaron en las ciudades en busca de trabajo y se convirtieron en trabajadores asalariados.[1] El cercamiento preparó el despegue del capitalismo.

Teniendo en cuenta estos hechos históricos, la teoría de la acumulación originaria se ha entendido con frecuencia como la descripción de la historia previa al establecimiento del capitalismo, teñida de sangre. Sin embargo, esta interpretación es muy insuficiente para captar la esencia de la teoría de la acumulación originaria como crítica de Marx al capitalismo.

En realidad, la teoría de la acumulación originaria fue un reanálisis del proceso de cercamiento desde el punto de vista de la abundancia y la escasez. Según Marx, la acumulación originaria hace referencia al proceso de desmembramiento de la abundancia de lo común y la agudización de la escasez artificial por el capital. Es decir, el capitalismo ha basado su crecimiento, desde sus mismísimos inicios hasta la actualidad, en un mecanismo de empobrecimiento sistemático de la vida humana.

Me gustaría repasar la historia y explicar los detalles de este mecanismo.

El desmembramiento de los *commons* permitió el despegue del capitalismo

Como ya apunté en el capítulo 4, en relación con los pueblos germanos y las comunidades campesinas, en las sociedades precapitalistas la gente trabajaba y vivía en tierras gestionadas entre todos, en común. Aun después del desmantelamiento de las comunidades, a causa de las guerras o del desarrollo de la sociedad de mercado, siguieron existiendo pastos comunales y otras tierras de cultivo abierto.

La tierra era considerada un medio de producción fundamental gestionada socialmente, y no era propiedad privada objeto de libre compraventa. Por eso, a las propiedades compartidas, como los pastos comunales, se las llamaba *commons* en Gran Bretaña. La gente obtenía de ellas fruta, leña, pescado, aves salvajes, setas, etcétera, que necesitaba para la vida diaria. Al parecer, también criaban ganado con las bellotas de los bosques.

Sin embargo, estas tierras de propiedad compartida no tienen cabida en el capitalismo. Si todo el mundo se autoabasteciera de los artículos necesarios para vivir, no se vendería nada en el mercado. Nadie necesitaría comprar nada.

Por eso, estos *commons* debían ser hechos trizas mediante el cercamiento para transformarlos en propiedades privadas de uso exclusivo.

El resultado fue trágico. La gente fue expulsada de las tierras en las que vivía y sus medios de subsistencia les fueron arrebatados. Por si esto no fuera suficiente, las actividades de recolección practicadas en esas tierras pasaron a ser consideradas actos delictivos de intrusión ilícita y robo. Al desaparecer la gestión común, las tierras quedaron arruinadas y desoladas, la agricultura y la ganadería decayeron y ya no se pudo disponer de verduras y carnes frescas como antes.

Por su parte, las personas que perdieron sus medios de subsistencia fluyeron en masa hacia las ciudades y se vieron forzadas a trabajar como asalariados. Los bajos salarios apenas les daban para mandar a los hijos al colegio y toda la familia se veía obligada a trabajar. Aun así, la carne y la verdura quedaban fuera de su alcance por sus elevados precios. La calidad de los alimentos que ingerían cayó en picado y su variedad se redujo drásticamente. Sin tiempo ni dinero, las recetas de platos tradicionales se volvieron impracticables y se alimentaron a base de patatas cocidas o asadas. La calidad de vida empeoró visiblemente.

No obstante, desde el punto de vista del capital, la cosa cambia. El capitalismo es un sistema en el que la gente puede comprar y vender libremente todo tipo de mercancías en los mercados. Las personas desposeídas de sus tierras y que perdieron sus medios de vida debían, ahora, ganar dinero a cambio de la venta de su fuerza de trabajo y comprar en los mercados lo que necesitasen para vivir. En esa situación, la economía de las mercancías básicas solo puede prosperar. Así es como se conformaron las condiciones para el despegue del capitalismo.

Del común de la fuerza hidráulica al capital fósil monopolístico

Lo relatado más arriba no es solo aplicable al caso de la tierra. Para el despegue del capitalismo fue importante separar a la gente del «común» de los ríos. Estos no solo son fuente de agua potable o pescados: el agua es una fuente abundante de energía sostenible y, además, gratuita.

La Revolución Industrial de Gran Bretaña no se puede desligar del carbón y los combustibles fósiles. Si se considera su relación con la crisis climática actual, la gratuidad de la fuerza hidráulica resulta aún más llamativa.

Es decir, uno se pregunta por qué se descartó la fuerza hidráulica si era gratuita. Parece que esto puede estar relacionado con el problema de la escasez. La respuesta es que descartar lo abundante y servirse de fuentes de energía monopolizables y escasas y cuya localización esté acotada, fue indispensable para el rápido desarrollo del capitalismo.

Capital fósil, del historiador marxista Andreas Malm (2016), nos ayuda a comprender esta cuestión. Malm nos explica por qué la humanidad abandonó la fuerza hidráulica a través de la relación con el capitalismo.

La historia del desarrollo tecnológico se suele explicar desde la perspectiva del malthusianismo, que, a grandes rasgos, se resume como sigue: el crecimiento económico ocasiona una falta de suministro de recursos. La falta de suministro eleva el precio de los recursos. Este aumento de precios, no obstante, incentiva el descubrimiento o la invención de recursos alternativos más baratos. Esta sería una explicación de tipo malthusiano.

Sin embargo, como se dijo antes, la fuerza hidráulica existe en abundancia en la naturaleza y era totalmente sostenible y, además, barata. Es decir, era un común susceptible de ser gestionado colectivamente. Entonces ¿por qué se reemplazó la gratuita y abundante fuerza hidráulica por el gravoso y escaso carbón? La explicación malthusiana no nos ofrece una respuesta satisfactoria.

Según Malm, para explicar esta transición es necesario tener en cuenta el capital. Las empresas de aquel entonces comenzaron a utilizar combustibles fósiles no solo como simples fuentes de energía, sino como capital fósil.

A diferencia del agua de los ríos, el carbón o el petróleo se podían transportar y, por encima de todo, eran fuentes de energía susceptibles de monopolio excluyente. Este atributo natural los habría dotado de un valor social ventajoso para el capital.

Si se reemplazan los molinos de agua por máquinas de vapor, las fábricas se pueden trasladar de las inmediaciones de los ríos a las ciudades. En las regiones próximas a las vías fluviales, la mano de obra es escasa y los trabajadores se encuentran en una situación de ventaja respecto al capital. Sin embargo, si se trasladan las fábricas a las urbes, repletas de obreros necesitados de trabajo, es el capital el que se coloca en una posición de superioridad y se resuelven sus problemas.

El capital monopolizó por completo las fuentes de energía escasas llevándolas a las ciudades y, sobre esa base, organizó la producción. Esto invirtió de golpe la relación de fuerzas entre el capital y los trabajadores.[2] El carbón era una tecnología intrínsecamente cerrada (véase p. 191).

Como consecuencia, la fuente de energía sostenible, que es la fuerza hidráulica, quedó marginada. Con el carbón como fuente de energía principal aumentó la productividad, pero el aire de las ciudades se contaminó y los obreros fueron obligados a trabajar hasta la muerte. A partir de este momento, las emisiones de dióxido de carbono por el uso de combustibles fósiles siguieron la senda de un ascenso imparable.

Los *commons* eran abundantes

La clave en este punto es que, antes del comienzo de la acumulación originaria, la tierra y el agua eran *commons* abundantes. Los miembros de una comunidad podían disponer de esos recursos gratuitamente y según sus necesidades.

Por supuesto, no eran libres de hacer un uso caprichoso de ellos. Debían observar ciertas restricciones sociales y existían sanciones para castigar a los infractores de las normas. Sin embargo, mientras se observasen las reglas, los recursos disponibles eran propiedades comunes y gratuitas.

Además, precisamente porque los *commons* eran propiedades compartidas, la gente los cuidaba y, como la producción no estaba orientada a la obtención de beneficios, no se producían intromisiones excesivas en la naturaleza y la convivencia con ella era una realidad. Aquí también estaba presente la sostenibilidad de las comunidades de la marca que vimos en el capítulo 4.

Sin embargo, el régimen de propiedad privada instaurado tras el cercamiento fue destruyendo la relación sostenible y de abundancia entre el hombre y la naturaleza. Las tierras de las que la gente antes se servía de forma gratuita ahora no se podían utilizar sin que mediara el pago de una renta. La acumulación originaria desintegró la abundancia de los *commons* y produjo escasez de forma artificial.

Los pastos comunales se convirtieron en terrenos privados. Bajo el sistema de propiedad privada, la tierra, una vez comprada con dinero, se puede utilizar para lo que se quiera sin dar cuenta a nadie. Todo queda sometido a la libre voluntad del propietario. Que esta libertad empeore la vida de muchos otros, arruine la tierra o contamine las aguas no es óbice para frenar las veleidades del propietario.

La calidad de vida del resto fue empeorando en consonancia.

La riqueza privada reduce la pública

En realidad, esta contradicción ya fue señalada en el siglo XIX. Un político y economista relevante de comienzos de aquel siglo, el conde de Lauderdale, discurría sobre este problema en su libro *La naturaleza y el origen de los bienes públicos* (1804).

De hecho, en la actualidad, se la conoce como la «paradoja de Lauderdale» y consiste en que «el aumento de la riqueza privada ocurre a costa de la reducción de la riqueza pública».[3]

La riqueza pública se refiere aquí a la riqueza que lo es para todo el mundo. Lauderdale la define como «todo aquello que los hombres desean, que les es útil y provechoso y les procura placer o goce».

Por el contrario, la riqueza privada es una riqueza que lo es solo para algún particular, y la define como «todo aquello que los hombres desean, que les es útil y provechoso y les procura placer o goce, pero que existe en condiciones de escasez».[4]

Por lo tanto, la diferencia entre la riqueza pública y la riqueza privada estribaría en si es escasa o no.

La riqueza pública es una riqueza común y compartida por todos y, por eso, ajena a la escasez. Sin embargo, el incremento de la riqueza privada es imposible sin la constricción que supone la escasez. Por consiguiente, la riqueza privada aumenta por la desintegración de la riqueza pública, que demanda la mayoría de la gente, y su restricción intencionada. Es decir, a mayor escasez, mayor riqueza privada.

Aunque parezca inconcebible que se legitimen conductas que buscan el beneficio particular a costa del sacrificio ajeno, eso es exactamente lo que estaba sucediendo en las narices de Lauderdale. Pero es que esta es la esencia del capitalismo. El problema sigue vigente hoy en día.

Por ejemplo, la abundancia del agua es deseable y necesaria para la gente; y si esta existe en abundancia, es gratuita. Es el estado deseable de la riqueza pública.

Por el contrario, si de alguna forma se pone coto a la abundancia y se la hace escasear, se la puede mercantilizar e imponer un precio. Desaparece la riqueza pública gratuita de la que se podría disponer libremente. Sin embargo, al embotellar el agua en envases PET se puede comerciar con ella y aumentar la riqueza privada, acrecentando también la riqueza de las naciones, cifrada en valores monetarios.

Exacto: el análisis de Lauderdale se puede considerar una crítica al pensamiento de Adam Smith, según el cual la riqueza de las naciones es la suma de la riqueza privada.

Es decir, según Lauderdale, aunque el aumento de la riqueza privada contribuye a la riqueza de las naciones, medida en valores monetarios, este incremento ocurre a costa de la reducción de la verdadera riqueza para los ciudadanos, que es la riqueza pública = *commons*. Así, la gente pierde el derecho a disponer libre y gratuitamente de las cosas que necesita para vivir y se empobrece. Por lo tanto, a diferencia de Smith, Lauderdale considera que la verdadera riqueza depende del aumento de la riqueza pública.

Lauderdale presenta otros muchos casos. Por ejemplo, en relación con el tabaco, observa cómo el capital quema la cosecha cuando es excesiva; o, en relación con el vino, señala cómo para reducir el volumen de producción de vino prohíbe legalmente el cultivo de los viñedos. Todo para generar escasez de tabaco y de vino.[5] Una buena cosecha debería ser motivo de celebración. Sin embargo, debido a que un exceso de suministro presiona a la baja los precios, para evitar este descenso se elimina la cosecha que se considere.

Reducir la abundancia y aumentar la escasez. En esto consiste la paradoja de Lauderdal: en cómo la limitación de la riqueza pública redunda en el incremento de la riqueza privada.

La oposición entre «valor de cambio» y «valor de uso»

Lauderdale no profundizó más en el análisis de la paradoja, pero se podría decir que lo que Marx pretendió desarrollar como una contradicción fundamental de las mercancías es, precisamente, la paradoja entre los bienes (*riches*) y la riqueza (*wealth*).

En términos marxistas, la riqueza hace referencia al valor de uso. El valor de uso es la naturaleza del aire o del agua, por ejemplo, que satisface necesidades humanas y que existe desde mucho antes que el capitalismo.

Frente a este, los bienes se miden en valores monetarios. Es el total del valor de cambio del producto. El valor de cambio solo existe en la economía de mercado.

Según Marx, en el capitalismo la lógica del valor de cambio del producto se vuelve la dominante. Incrementar el valor de cambio se convierte en la máxima prioridad de la producción capitalista.

Como consecuencia, el valor de uso queda degradado a un simple medio para la consecución del valor de cambio. A pesar de que la producción del valor de uso y la satisfacción de los deseos humanos se consideraba la finalidad misma de la actividad económica en las sociedades precapitalistas, el valor de uso pierde esta consideración en las sociedades capitalistas. Sacrificada como medio para el aumento del valor de cambio, la consideración como finalidad del valor de uso va siendo destruida. Marx lo definió como la «oposición entre valor de cambio y valor de uso» y criticó este absurdo del capitalismo.

La «tragedia de las mercancías» y no la «tragedia de los bienes comunes»

Volvamos al ejemplo del agua. Al menos en Japón, es un recurso abundante. El agua tiene un valor de uso evidente para todo ser humano por eso, no debería ser de nadie y debería ser gratuita. Sin embargo, el agua se distribuye, cada vez más, como un producto embotellado, o sea, como una mercancía. El agua como mercancía se está convirtiendo en un bien escaso que no se puede utilizar si no es a cambio de una contraprestación dineraria.

Lo mismo sucede con el suministro de agua potable y el alcantarillado. Cuando el suministro de agua se convierte en un negocio privado, su finalidad pasa a ser la de mejorar las ganancias de la empresa suministradora y el coste de los servicios se eleva por encima del estrictamente necesario para el mantenimiento del sistema.

Pero la asignación de un precio al agua podría considerarse también como una forma de obligar a tratar con más cuidado un recurso que es finito. Si fuera gratis, se derrocharía. Esta es la idea básica de la famosa «tragedia de los bienes comunes» del ecólogo Garrett Hardin.

Sin embargo, la imposición de un precio al agua implica su tratamiento como capital, y de ahí a la búsqueda del incremento de su valor de cambio como objeto de inversión solo hay un paso. Después, los problemas no cesan.

Por ejemplo, se suspende el suministro de agua a las familias pobres que no puedan pagarla. La empresa gestora eleva el precio del agua reduciendo el suministro y busca obtener mayores beneficios. Quizá incluso recorte los costes de mano de obra, control y mantenimiento sin ninguna preocupación por la calidad del agua. Al final, la desintegración de un bien común, que es el agua, implica un perjuicio para su acceso universal, sostenibilidad y seguridad.

La mercantilización del agua incrementa su valor de cambio. Sin embargo, el nivel de vida de las personas empeora y también se deteriora el valor de uso del agua. Esta es la consecuencia derivada de la transformación del agua —en principio abundante— en un bien escaso y de pago mediante su mercantilización. Por eso, sería más correcto hablar no tanto de la tragedia de los bienes comunes, sino de la tragedia de las mercancías.[6]

No es solo un problema del neoliberalismo

El geólogo marxista David Harvey define la acumulación originaria como acumulación por desposesión y apunta al proceso por el que la clase capitalista utiliza a los Estados para arrebatar la riqueza a los trabajadores como el elemento nuclear del neoliberalismo. Y critica como punto débil de la propuesta de Marx la delimitación de la acumulación por desposesión a la fase primordial del capitalismo.[7]

Sin embargo, Harvey no ha entendido la idea clave de la acumulación originaria. Más bien, el que está limitando la desposesión al neoliberalismo es él.

Para Marx, la acumulación originaria no es, en ningún caso, la simple historia previa al capitalismo. Lo que dice es que la generación artificial de la condición de escasez, a través de la desintegración de los bienes comunes, constituye la quintaesencia de la acumulación originaria, un proceso fundamental que continúa y se expande con el desarrollo del capitalismo.

Las políticas neoliberales de austeridad quizá pronto lleguen a su fin. Pero con independencia de que las políticas que se implementen sean neoliberales u otras, mientras prosiga el capitalismo continuará la acumulación originaria. El capital seguirá ensanchando su margen de beneficios a base de mantener y agravar la escasez, que, de este modo, se perpetúa para el 99 % de nosotros.

La escasez y el capitalismo del desastre

Recapitulemos. Los *commons*, o bienes comunes, son valor de uso para la gente. Al ser útiles y necesarios para todos, las comunidades censuraron su propiedad monopolística y los gestionaron como riqueza compartida. No los mercantilizaron y, por lo tanto, no les asignaron precios. Los *commons* eran gratuitos y abundantes para la gente. Por supuesto, esto era un inconveniente para el capital.

Sin embargo, si se puede generar escasez de alguna manera, el mercado puede asignar precios a cualquier cosa exactamente igual que cuando se generó escasez de tierras desintegrando los *commons* por cercamiento. Así, los propietarios pasan a poder recaudar rentas (coste de uso).

Como se comprende al comparar el antes y el después de la acumulación originaria, tanto en el caso de la tierra como en el del agua, su valor de uso (utilidad) no cambia. Lo que cambia cuando los *commons* pasan a ser propiedades privadas es su condición de escasez. Es la agudización de la escasez lo que incrementa su valor de cambio como mercancía.

Como consecuencia, la gente pierde la oportunidad de poder utilizar bienes que necesita en su vida y se va empobreciendo progresivamente. Aunque el valor de cambio de esos bienes aumente en términos de valor monetario, la gente se vuelve más pobre. Es más, se sacrifica a propósito la calidad de vida de la gente para incrementar el valor de cambio.

Incluso conductas destructivas y despilfarradoras se convierten en una oportunidad para el capitalismo siempre que generen escasez. Las oportunidades de multiplicación del valor de cambio nacen de la destrucción y el derroche que convierten lo abundante en escaso.

Esta es la razón por la que incluso el cambio climático se convierte en una oportunidad de negocio porque convierte en escasos el agua, las tierras de cultivo o la vivienda. El agravamiento de la escasez eleva la demanda por encima del suministro y esto proporciona al capital la ocasión para la obtención de grandes beneficios.

Esta es la doctrina del *shock* del cambio climático, que aprovecha la conmoción de los desastres para obtener ganancias. Si lo único que importa es ganar dinero, el mantenimiento de la escasez es hasta racional incluso a costa de la vida de la gente.

Baste recordar el incremento del patrimonio de los superricos norteamericanos en 62 billones de yenes japoneses en la primavera del 2020 para comprender la «doctrina del *shock* del coronavirus», un caso paradigmático de capitalismo del desastre.[8]

El sacrificio del valor de uso, que implica la agudización de la escasez, aumenta la riqueza privada. Esta es la oposición entre valor de cambio y valor de uso, otra clara muestra de la insensatez del capitalismo.[9]

Los trabajadores modernos son igual que esclavos

Vamos a seguir profundizando en la cuestión de la escasez que genera la desintegración de los *commons*.

Las personas despojadas de los bienes comunes son arrojadas al mundo de la mercancía, donde se dan de bruces con la escasez de dinero. En el mundo rebosan las mercancías y con dinero se puede conseguir de todo; pero sin dinero, nada. El problema es que las formas de obtención de dinero están seriamente limitadas y prevalece un estado de carencias. Por eso, la gente se mata a trabajar.

Antiguamente, la gente trabajaba unas horas y, una vez obtenido lo necesario, pasaba el resto del día tranquilo: se echaba la siesta, se divertía o, simplemente, se dedicaba a charlar.[10] Sin embargo, ahora tiene que trabajar a las órdenes de otros durante largas horas para conseguir dinero. El tiempo es oro. No se puede desperdiciar un solo segundo. El tiempo se convierte en un recurso escaso.

Marx se refería con frecuencia como «esclavitud» a la situación de los trabajadores en el capitalismo.[11] En la medida en que se dedican a trabajos ajenos a su voluntad, sin tiempo libre y durante largas horas, estos trabajadores son igual que esclavos. Es posible incluso que los trabajadores modernos se encuentren en una situación peor que la de los esclavos de antaño. A estos últimos, al menos se les garantizaba la subsistencia. Encontrar esclavos con los que reemplazar otros no era fácil y por eso se los cuidaba.

Por el contrario, en el capitalismo no faltan trabajadores. Los que se quedan sin trabajo, si no vuelven a encontrar otro, en casos extremos, pueden morir de inanición.

Marx llamó a esta inestabilidad «pobreza absoluta».[12] Esta expresión condensa la idea de que el capitalismo es un sistema que genera permanentemente carencias y escasez. Utilizando algunos términos que hemos manejado en este libro, diríamos que la causa de la pobreza es la escasez absoluta.

Una fuerza de coerción llamada «deuda»

Existe otra escasez artificial con la que el capital completa su dominio: la agudización de la escasez del dinero mediante deudas. En el proceso de consumo bajo el capitalismo, que estimula la codicia sin límite, la gente no solo no se enriquece, sino que se carga de deudas. Este lastre obliga a la gente a cumplir como trabajadores diligentes y, más en general, como peones al servicio del capitalismo.

El ejemplo más evidente son los préstamos para la compra de vivienda. Lo elevado de sus importes le confiere una enorme capacidad de coerción. Con gigantescos préstamos a devolver en 30 años, la gente queda aún más sometida al trabajo para pagar las cuotas de la deuda y se ve obligada a trabajar cada vez más horas. Para saldarlos, las personas van interiorizando la ética del trabajo del capitalismo. Se trabajan más horas para ganar el suplemento por las horas extras y se sacrifica a la familia por la promoción profesional.

En algunos casos, el sueldo conjunto de un matrimonio es insuficiente para afrontar los pagos y la pareja debe redoblar la jornada para trabajar día y noche; otros se ven obligados a apretarse el cinturón al máximo, ahorrando en comida y viviendo a base de brotes de soja salteados y espaguetis con salsa de tomate. Al final, se termina viviendo una vida que carece de sentido. A pesar de que la compra de la casa se hizo para vivir mejor, la deuda convierte a la gente en esclava del salario y destroza su vida.

Por supuesto, la diligencia de los trabajadores es ideal para el capital. Pero las jornadas interminables de trabajo crean un excedente innecesario de productos que perjudica en la misma medida al medio ambiente. Las horas de trabajo arrebatan a la gente su tiempo libre para hacer las cosas por sí misma y agudizan su dependencia de las mercancías.

De esta forma, el capital crece a base de generar escasez artificial. Mientras persista la oposición entre valor de cambio y valor de uso, el crecimiento económico, por grande que sea, no beneficiará al conjunto de la sociedad. Más bien al contrario, el grado de satisfacción de la gente por su vida caerá. Es exactamente lo que está sucediendo hoy en día.

La escasez relativa que generan el *branding* y la publicidad

La escasez que perjudica la calidad de vida o el grado de satisfacción de la gente con su vida existe también en la esfera del consumo. Una vez hecha realidad la producción en masa, condenando a la gente a trabajar sin descanso, lo que toca ahora es incitarla a un consumo igualmente desbocado.

El *branding* es una forma de incitar a la gente al consumo. A través de la publicidad o los logotipos, se imprime un intangible a la imagen de marca para elevar el precio de los productos, que la gente realmente no necesita, por encima de su verdadero valor.[13]

Como consecuencia, el *branding* otorga a algunas mercancías, que en la práctica no difieren en absoluto de otras en cuanto a su valor de uso (utilidad), un componente de novedad que las transforma en atractivas, aunque en realidad sean anodinas. Se trata de un procedimiento de generación artificial de escasez en unos tiempos de evidente sobreabundancia de productos similares.

Por ejemplo, si todo el mundo tuviera coches Ferrari o relojes Rolex, no serían distintos de vehículos ligeros de las marcas Suzuki o relojes Casio. El estatus social de los Ferrari se lo otorga su escasez. Simplemente, no los tiene mucha gente. Dicho de otro modo: el valor de uso como reloj de un Rolex y un Casio es exactamente el mismo.

Sin embargo, la escasez relativa da rienda suelta a una competición sin fin. Solo hay que abrir Instagram para ver que el mundo está lleno de gente con cosas mejores que las que uno tiene y todo envejece a velocidad de vértigo con el lanzamiento constante de nuevos modelos. El sueño del consumidor nunca se hace realidad. Hasta nuestra ambición y sensibilidad quedan subsumidas en el capital y se transforman.

Así, la gente se ve impelida al trabajo y al consumo, y sigue comprando cosas con la vana ilusión de alcanzar su imagen ideal, sus sueños y sus anhelos. Es un bucle infinito. La sociedad del consumo se sostiene sobre el fracaso en la consecución de los ideales que prometen las mercancías y el consiguiente consumo desenfrenado. La permanente sensación de insatisfacción, hija de la escasez, es el motor del capitalismo. Por este camino, la gente jamás será feliz.

Además, el coste de este *branding* y publicidad hueco y banal es enorme. La industria del *marketing* es ahora la tercera industria mundial, seguida de la alimentaria y la energética. Se dice que el coste del *packaging* representa entre el 10 y el 40 % del precio final de los productos; en el caso de los cosméticos, en ocasiones este margen se dispara hasta el triple del coste del propio producto. Para la creación de un envoltorio con un diseño atractivo, además, se malgastan cantidades ingentes de plástico.[14] Huelga decir que esto no afecta en absoluto al valor de uso del producto.

¿Acaso es imposible salir de este círculo vicioso? La culpa de este bucle es la escasez. Por eso hace falta crear una sociedad que goce de la abundancia y se oponga a la generación artificial de escasez. En esto consiste el comunismo decrecentista de Marx.

El comunismo estriba en la recuperación de lo común

Para Marx, el comunismo era la «negación de la negación» (véase p. 120). La primera negación era la desintegración de lo común por el capital. El comunismo, que niega esta primera negación, propone la reconstrucción de los *commons* y la recuperación de la abundancia radical. El capitalismo genera escasez artificial por interés. Precisamente por eso, la abundancia es el enemigo natural del capitalismo.

El primer paso para la recuperación de la abundancia es la reconstrucción de lo común. Exacto: no es sino lo común lo que hará realidad la abundancia radical en el siglo XXI y dejará definitivamente atrás el capitalismo.

Aquí quizá sea más fácil imaginar esto si se explica lo común a través de ejemplos concretos en relación con la abundancia. Insisto: la clave de lo común está en la cogestión autónoma y horizontal, entre la gente, de los medios de producción.

Por ejemplo, la electricidad debería ser común porque la vida actual es inconcebible sin electricidad. Al igual que el agua, la luz debería estar garantizada como un derecho humano y no debería estar al servicio del mercado porque este arrebata a la gente sin dinero su derecho a utilizarla.

No obstante, esto no significa que haya que nacionalizar la electricidad. La razón es que si se introdujeran tecnologías cerradas, como la energía nuclear, la nacionalización no resolvería el problema de fondo, además de los problemas de seguridad que estas comportan. Asimismo, las centrales de generación eléctrica térmica se han ido instalando en zonas en las que vive la gente marginada —por ser pobres o por pertenecer a grupos minoritarios—, amenazando su salud con la contaminación.

Frente a ellas, lo común aspira a que la ciudadanía recupere la gestión de la energía eléctrica. Lo común es la práctica de métodos de gestión colectiva de energías sostenibles que faciliten, además, la participación ciudadana. Un ejemplo de esto sería la difusión de las energías renovables por eléctricas ciudadanas o cooperativas energéticas. Llamaremos a esto «ciudadanización» por los ciudadanos, remedando la palabra «privatización».

La ciudadanización de lo común

La clave aquí es que, a diferencia de la energía nuclear o la generación eléctrica térmica, la luz solar o la fuerza eólica no se pueden someter a una posesión privativa excluyente. La luz solar o la fuerza eólica cuentan con una abundancia radical. De hecho, es infinita y gratuita. Además, a diferencia del petróleo o el uranio, prácticamente cualquiera, casi en cualquier sitio, puede comenzar a generar y gestionar electricidad a un coste relativamente bajo. De acuerdo con la clasificación propuesta por Gorz, que se presentó en el capítulo 5, las energías renovables son tecnologías abiertas.

Sin embargo, esto es pernicioso para el capital. El carácter distribuido y no monopolizable de las fuentes de energía, como la luz solar, impide la generación de escasez, lo que, a su vez, dificulta enormemente su monetización.

De esta forma, el capitalismo se enfrenta a un dilema. La dificultad para generar escasez significa ausencia de beneficios. Esto, en el contexto de la economía de mercado, se convierte en el principal obstáculo para la participación de las empresas en el desarrollo de las energías renovables. Aquí se observa la oposición entre la escasez del capital y la abundancia de lo común.

Por eso mismo, resulta imprescindible la ciudadanización de las energías renovables para su fomento y difusión.

La naturaleza distribuida de estas energías representa una oportunidad para construir una red eléctrica adecuada para una gestión democrática, a pequeña escala y no orientada a fines lucrativos.

En efecto, este tipo de iniciativas de ciudadanización se han implementado en países como Alemania o Dinamarca. En los últimos años, en Japón también se están empezando a popularizar las eléctricas ciudadanas sin ánimo de lucro. Tras el accidente nuclear de Fukushima están creciendo las iniciativas de generación eléctrica de producción y consumo locales, con ciudadanos ejerciendo presión en las corporaciones municipales para recaudar fondos a través de colocaciones privadas o bonos verdes para instalar paneles fotovoltaicos en terrenos de cultivo abandonados, etcétera.[15]

Si la energía comienza a adoptar un modelo de producción y consumo locales, lo abonado por la electricidad recae en la misma localidad. Al tratarse de una actividad sin ánimo de lucro, los ingresos se podrían destinar a la revitalización de la vida local. De esta forma, los ciudadanos comienzan a interesarse por lo común, cuyo fomento redunda en la mejora de sus propias vidas y en una implicación más proactiva de los ciudadanos en la gestión comunitaria.

Si se genera esta dinámica, el medio ambiente, la economía y la sociedad local se activarán y revitalizarán provocando sinergias. En esto consiste la transición hacia la economía sostenible basada en lo común.

Cooperativas de trabajadores: los medios de producción como lo común

No solo la electricidad o el agua son lo común. Los medios de producción también deben ser considerados común. Las cooperativas de trabajadores son organizaciones en las que los trabajadores realizan aportaciones conjuntas, sin la intervención de empresarios y accionistas, y se hacen copropietarios y cogestores de los medios de producción.

Las cooperativas de trabajadores cumplen una función importante como un primer paso hacia la autogestión y la autonomía del trabajo. Los trabajadores mismos deciden de forma proactiva, debatiendo entre ellos qué trabajo hacer y qué directrices seguir.

Esto es posible porque es un sistema basado en la propiedad de tipo social de los medios de producción por los propios trabajadores, y no en la propiedad privada de los presidentes y accionistas de las empresas o en la propiedad estatal.

Este movimiento cuenta con una larga tradición. El propio Marx tenía en gran estima la intención de las cooperativas de trabajadores y reconocía que «la acción de las cooperativas de trabajadores es una de las fuerzas reformadoras de la sociedad actual, basada en la lucha de clases». Según Marx, las cooperativas de trabajadores mostraron que era posible reemplazar el capitalismo generador de carencias por una «sociedad de productores asociados, libres e iguales».[16] E incluso llegó a referirse a las cooperativas de trabajadores como «comunismo "realizable"».[17] En alemán, las cooperativas se llaman *Genossenschaft*; pero Marx incluso utilizaba el adjetivo *genossenschaftilich* como sinónimo de «asociación».[18]

¿Por qué? La respuesta guarda relación con cómo la acumulación originaria, a través del cercamiento, separó a los productores de sus medios de producción y generó escasez. Las cooperativas recuperan los medios de producción para los trabajadores por medio de la asociación y reconstruyen la abundancia radical.

La democratización de la economía a través de la cooperativa de trabajadores

Curiosamente, en los últimos años, el partido laborista británico y otras organizaciones están contribuyendo a la revalorización de las cooperativas de trabajadores y la propiedad de tipo social.[19] Por supuesto, como una alternativa al declinante estado del bienestar.

Los estados del bienestar del siglo XX son modelos que buscan la redistribución de la riqueza, pero no intervienen en las relaciones de producción. Es decir, son los beneficios obtenidos por las compañías los que se restituyen a la sociedad vía impuestos, como el impuesto sobre la renta o el impuesto de sociedades.

Bajo este sistema, los sindicatos laborales fueron asumiendo la subsunción en el capital en beneficio de la productividad. Trataron de aumentar el tamaño del pastel para la redistribución a través de la colaboración con el capital. Pero esto se hizo a costa de la autonomía de los trabajadores, que se fue debilitando de forma progresiva.

En claro contraste con los sindicatos, que aceptaron la subsunción en el capital, las cooperativas de trabajadores persiguen un cambio en las mismísimas relaciones de producción. A través de la democratización del entorno laboral, se frena la competencia y son los propios trabajadores quienes, entre ellos, toman las decisiones que atañen al desarrollo de la producción, la formación y la reubicación de los trabajadores. Aunque se busque obtener ganancias para seguir alimentando la actividad empresarial, las inversiones no estarían condicionadas por la multiplicación de beneficios u operaciones especulativas a corto plazo.

Se pone el énfasis en trabajar como cada uno mejor sepa. En las cooperativas de trabajadores, mediante la formación profesional y la gestión empresarial, se promueve una economía social y solidaria, que devuelve los beneficios a la comunidad. Se trata de planificar, a través del trabajo, inversiones orientadas a la consecución de una prosperidad a largo plazo. Es un intento de democratización de la economía mediante la consideración del ámbito de la producción como lo común.

¿Suena a utopía? No necesariamente. Las cooperativas de trabajadores existen en todo el mundo. La Corporación Mondragón, en España, cuenta con una larga historia y es muy conocida. En ella participan más de setenta mil trabajadores como socios. En Japón también existen cooperativas de trabajadores que llevan desarrollando su actividad durante casi cuarenta años en distintos ámbitos, como la atención y cuidados, la educación infantil, la silvicultura, la agricultura o la limpieza. Hay más de quince mil personas trabajando en estas cooperativas.

Incluso en Estados Unidos, máximo baluarte del capitalismo, el desarrollo de las cooperativas de trabajadores salta a la vista: la Evergreen Cooperatives, en Cleveland (Ohio), la Cooperation Buffalo, en Nueva York, la Corporate Jackson, en Mississippi, etcétera. La actividad de grupos de ciudadanos que se esfuerzan por resolver los problemas de vivienda, energía, alimentación o limpieza está contribuyendo a regenerar la comunidad.

En un sistema cuya prioridad es la búsqueda de beneficios, los trabajadores esenciales reciben una remuneración baja. Por eso estos trabajos se endosan a las mujeres de raza negra, lo que genera fracturas en la comunidad e incluso terminan perjudicando la calidad del servicio. Un círculo vicioso.

Precisamente por eso, las cooperativas buscan transformar en trabajos autónomos y atractivos los empleos esenciales. Además, intentan mejorar el salario y las condiciones laborales, superar las segregaciones por raza, clases sociales o género, y tratan de conectar todo ello con la regeneración comunitaria.

Por supuesto, como señalaba Marx, incluso las cooperativas de trabajadores, si yerran el paso, podrían quedar expuestas a la competencia del mercado capitalista, a la priorización de las ganancias y de la reducción de costes o la optimización de procesos. Por eso, en última instancia, lo que hay que hacer es cambiar el sistema por completo. Frente al capitalismo generador de pobreza, discriminación y desigualdad, las cooperativas pueden convertirse en uno de los fundamentos del cambio de toda la sociedad para no dejar a nadie atrás.

Una abundancia radical distinta del PIB

Las cooperativas de redes eléctricas mediante la ciudadanización son solo un ejemplo. La posibilidad de recuperar una abundancia radical se encuentra en todas partes: educación, asistencia médica, internet, economía colaborativa, etcétera. Por ejemplo, hacer de Uber una empresa pública y convertir su plataforma en lo común. Las vacunas contra el coronavirus o los fármacos para su tratamiento deberían ser considerados lo común en todo el mundo.

Por medio de lo común, la gente puede ir ampliando la gestión horizontal y cooperativa de la actividad productiva en la sociedad, sin depender de los mercados ni de los Estados. De resultas de ello, los bienes y servicios cuyos usos estuvieron limitados o restringidos por el dinero se van transformando en recursos abundantes. Es decir, el objetivo de lo común es la reducción del ámbito de la escasez artificial y el aumento de una abundancia radical, completamente ajena al consumismo y el materialismo.

Un aspecto importante de la gestión de lo común es que la dependencia estatal deja de ser absolutamente necesaria. El agua la pueden controlar los Gobiernos locales y la electricidad y los campos de cultivo, los ciudadanos. La economía colaborativa la cogestionan los usuarios de las aplicaciones. Habría que crear plataformas de cooperación desplegando al máximo el potencial de las tecnologías de la información.

Cuanta más abundancia radical se recupere, más se reducirá la mercantilización. Por esa vía, el PIB decrecerá. Es el decrecimiento.

Sin embargo, este decrecimiento no significa un empobrecimiento de la vida. Más bien, implicará el aumento de los ámbitos de pago en especie y, en general, se ampliarán los espacios que no dependan del dinero. La gente se irá liberando, poco a poco, de la presión permanente del deber de trabajar. Se ganará tiempo libre en la misma proporción.

Una vida estable debería procurar el desahogo necesario para la colaboración mutua y la libertad para realizar actividades no dictadas por el consumismo. Aumentarán las ocasiones de practicar deporte, pasear por el campo o cuidar del jardín; tocar la guitarra, dibujar o leer; cocinar, comer y disfrutar de una buena conversación con la familia o los amigos; también habrá margen para hacer voluntariado o implicarse en acciones políticas. Se reducirá el consumo de energía procedente de combustibles fósiles, pero se multiplicarán la energía social y cultural comunitarias.

En comparación con una vida en la que cada mañana hay que acudir al trabajo apretujados en trenes abarrotados de gente, comer *bento* y fideos instantáneos delante del ordenador en jornadas maratonianas, esta nueva vida es mucho más rica. Ya no será necesario liberar estrés mediante compras online compulsivas o tratar de ahogarlo en bebidas alcohólicas de alta graduación. Cuando se disponga de tiempo para cocinar y hacer ejercicio, nuestra salud mejorará de manera significativa.

Hemos trabajado demasiado buscando ser recompensados por el crecimiento económico. Esta actitud conviene y beneficia al capital. Pero en el marco de un sistema cuya esencia es la escasez, pretender lograr una vida mejor, que enriquezca al conjunto de la sociedad, es un empeño condenado al fracaso.

Por eso, hay que abandonar este sistema. Reemplacémoslo con decrecimiento. El comunismo decrecentista es la forma de hacer realidad la abundancia radical. Si se hiciera esto, la vida de la gente ganaría estabilidad y se enriquecería sin tener que depender del crecimiento económico.

Corrigiendo la desigualdad de riqueza entre el 1 % superrico y el 99 % restante y eliminado la escasez artificial, la sociedad se sostendrá y funcionará con muchas menos horas de trabajo que hasta ahora. Además, mejorará la calidad de vida de la mayoría. Y la reducción del trabajo innecesario, finalmente, salvará el medio ambiente planetario.

La economía de la abundancia del comunismo decrecentista

Hay aquí un cambio de paradigma. Como se vio en el capítulo 3, hasta ahora, el decrecimiento ha sido objeto de repetidas críticas, como una simple propuesta para una pobreza más limpia y justa. ¿Acaso debemos aceptar un empobrecimiento de nuestras vidas para proteger el medio ambiente?

Pero esta clase de objeciones derivan de un marco mental demasiado condicionado por el hechizo del crecimiento económico capitalista. Es un hechizo muy potente, no obstante, que nos obliga a revisar, una vez más, las ideas clave de nuestra postura.

El auténtico sistema de restricciones impuestas, que obliga a soportar una vida de carencias, es, precisamente, el capitalismo basado en la generación de escasez artificial. No somos más pobres porque no se produzca lo suficiente, sino porque la escasez es la esencia del sistema capitalista. Esta es la oposición entre valor de cambio y valor de uso.

Las políticas de austeridad del neoliberalismo son ideales para el capitalismo en el sentido de que refuerzan la generación de escaseces artificiales. Frente a ellas, la abundancia implica decir adiós al paradigma del crecimiento económico.

Jason Hickel, antropólogo económico y defensor de la abundancia radical, afirma: «Frente a la austeridad, que busca la escasez para generar crecimiento económico, el decrecimiento busca la abundancia para hacer innecesario el crecimiento».[20]

Es hora de poner fin al neoliberalismo. Lo que se necesita es antiausteridad. Sin embargo, solo a base de despilfarrar dinero, aunque se pueda oponer cierta resistencia al neoliberalismo, no se podrá enterrar definitivamente el capitalismo.

La reinstauración de la abundancia radical rehabilitando lo común es la manera de hacer frente a la escasez artificial capitalista. Esta es la antiausteridad que persigue el comunismo decrecentista.

Libertad deseable, libertad indeseable

Bajémosle definitivamente el telón al capitalismo y resucitemos la abundancia radical. Al final de ese recorrido nos espera la libertad. Dado que el comunismo se suele malinterpretar como una ideología que da preferencia a la igualdad sacrificando para ello la libertad, en la parte final de este capítulo me gustaría comentar varias cosas más sobre la libertad.

Por supuesto, la abundancia radical de la que se ha hablado hasta ahora demanda una redefinición del concepto de libertad. Es importante distinguirla del sistema de valores capitalista norteamericano, que considera el estilo de vida de altísima carga ambiental la realización de la libertad.

Sin duda, el ser humano es esencialmente libre. Que destruya los fundamentos de la sociedad en la que desarrolla su actividad o que elija el camino de la autodestrucción no son sino manifestaciones de esa libertad. Sin embargo, esta autodestrucción no puede considerarse una libertad deseable. Es una libertad indeseable.

Para reflexionar sobre esta cuestión me gustaría citar un conocido, aunque un poco largo, párrafo de *El capital* acerca de la libertad:

De hecho, el reino de la libertad solo comienza allí donde cesa el trabajo determinado por la necesidad y la adecuación a finalidades exteriores; con arreglo a la naturaleza de las cosas, por consiguiente, está más allá de la esfera de la producción material propiamente dicha. [...] La libertad en este terreno solo puede consistir en que el hombre socializado, los productores asociados, regulen racionalmente ese metabolismo suyo con la naturaleza poniéndolo bajo su control colectivo, en vez de ser dominados por él como por un poder ciego [...] Pero este siempre sigue siendo un reino de la necesidad. Allende el mismo empieza el desarrollo de las fuerzas humanas, considerado como un fin en sí mismo, el verdadero reino de la libertad, que sin embargo solo puede florecer sobre el reino de la necesidad como su base. La reducción de la jornada laboral es la condición básica.[21]

Vamos a analizarlo. Marx distingue entre el reino de la necesidad y el reino de la libertad. El reino de la necesidad es la esfera de las distintas actividades consideradas necesarias para la existencia, como la producción y el consumo. Frente a este, el reino de la libertad es el ámbito requerido para la realización de las actividades que, aun no siendo absolutamente necesarias para la pura y simple supervivencia, caracterizan una vida realmente humana. Por ejemplo, el arte, la cultura, la amistad y el amor, el deporte, etcétera.

Marx buscaba expandir las fronteras del reino de la libertad. La libertad deseable es la que se extiende en este ámbito.

Pero esto no implica la desaparición del reino de la necesidad. La ropa, la vivienda y la comida son indispensables para el ser humano y no se puede prescindir de las actividades para producirlas. «El reino de la libertad [...] solo puede florecer sobre el reino de la necesidad».

Es importante advertir aquí que la libertad deseable que florece en el reino de la libertad no consiste en lanzarse de cabeza al consumismo materialista y egoísta. Aparentemente, el capitalismo ha enriquecido nuestra vida; sin embargo, lo que se busca en este sistema es la satisfacción ilimitada de los deseos materiales: bufet libre, ropa nueva cada temporada o *branding* carente de sentido. Todo está condicionado por los deseos animales del reino de la necesidad.

Por el contrario, el reino de la libertad que propone Marx comienza, precisamente, al desprenderse de los deseos materiales. Marx pensaba que la esencia de la libertad humana está en el ámbito de la actividad colectiva y cultural.

Por eso, para ensanchar los límites del reino de la libertad, hay que desmontar el sistema que azuza a la gente a sumergirse en jornadas interminables de trabajo para, después, empujarla a consumir insaciablemente. Aunque el volumen de producción se reduzca, lo que se debe buscar es el despertar voluntario de un autocontrol orientado a la consecución de una sociedad más feliz en conjunto, justa y sostenible. En vez de espolear ciegamente la capacidad de producción, reducir el reino de la necesidad, a través del autocontrol, es lo que permitirá dilatar las fronteras del reino de la libertad.[22]

Lo que no nos enseñan las ciencias naturales

La importancia de considerar este tipo de autocontrol como libertad deseable crece en esta era de crisis climática. Lo evidencia su relación con las ciencias naturales.

Al principio de este libro, escribí que la humanidad se encontraba en una bifurcación. En tal caso, es necesario que discutamos acerca del mundo en el que nos gustaría vivir en el futuro y qué decisiones deberíamos tomar para conseguirlo. Sin embargo, las ciencias naturales no nos ofrecerán las respuestas para saber qué clase de sociedad será el reino de la libertad.

Las ciencias naturales nos pueden decir que para estabilizar en 2 °C la subida de la temperatura del planeta, hay que contener la concentración del dióxido de carbono en la atmósfera en menos de 450 ppm. También que, en caso de que este objetivo no parezca factible, sugerir el recurso a la geoingeniería o a la BECCS (véase p. 79).

Sin embargo, lo que no pueden explicar las ciencias naturales en solitario es por qué un mundo con 2 °C más es más deseable que un mundo con 3 °C más. Es decir, dado que las personas del futuro desconocen nuestro mundo actual, quizá puedan ser felices en un mundo con 3 °C más. Además, los criterios de satisfacción de las personas dependen del entorno en el que se hallen inmersos y, dada su capacidad de adaptación, ese criterio será muy flexible. Seguro que los economistas como Nordhaus, de quien hablamos en el capítulo 1, dirán algo parecido.

Por eso, debemos ser nosotros quienes decidamos cuidadosamente qué temperatura queremos para el planeta y qué sacrificios debemos hacer para lograrlo. No es un problema que se pueda dejar en manos de científicos, economistas o de la inteligencia artificial: es un asunto democrático.

Los límites naturales no son condiciones preexistentes. Los límites son consensos sociales que nosotros establecemos en función de la sociedad que deseamos. La fijación de límites es el producto de un proceso político que implica una serie de decisiones económicas, sociales y éticas.

Por eso, no podemos quedarnos tranquilos dejando en manos de un grupo de expertos y políticos el establecimiento de esos límites. En tal caso, el mundo se convertirá en el reflejo de sus intereses particulares y de su visión del mundo, que se nos impondrá unilateralmente bajo la apariencia de la objetividad científica. Exactamente como cuando Nordhaus antepuso el crecimiento económico al cambio climático y los objetivos de los Acuerdos de París quedaron condicionados por esta visión.

El autocontrol para el futuro

Los juicios de valor que se emitan acerca del mundo en el que queremos vivir deberían, idealmente, tener en cuenta también las opiniones de las generaciones futuras mediante las oportunas deliberaciones y debates democráticos.

Es importante no olvidarse de que el cambio climático acarrea consecuencias definitivas. Así que, no podemos adoptar medidas por ensayo-error. Un exceso de uso de técnicas de clonación o de edición genética podría implicar un cambio irreversible en la misma definición del «ser humano». Del mismo modo, tecnologías como la geoingeniería pueden cambiar para siempre el estado de la naturaleza o de la Tierra. La consecuencia sería un gran perjuicio a la autonomía de las generaciones futuras.

Para evitar estas situaciones, resulta importantísimo no intervenir innecesariamente en la naturaleza. El autocontrol vuelve a resultar determinante aquí.[23] Los habitantes de los países desarrollados, como nosotros, debemos decidir voluntaria y activamente qué cosas son innecesarias y hay que dejar de producir, o marcar dónde establecemos los límites a la producción de las cosas que consideremos necesarias.

Sin embargo, bajo la tiranía del capital, que instiga a la gente a un consumo desenfrenado, optar por la libertad del autocontrol es difícil. La falta de autocontrol es una condición necesaria para la acumulación de capital y el crecimiento económico.

Pero pensémoslo al revés. Si se optara espontáneamente por el autocontrol, este se convertiría en un acto de resistencia revolucionario contra el capitalismo.

El autocontrol para renunciar al crecimiento económico infinito, poner el énfasis en la prosperidad del conjunto de la sociedad y en la sostenibilidad, expandirá el reino de la libertad y creará un futuro de comunismo decrecentista.

En el próximo capítulo analizaremos qué acciones concretas debemos llevar a cabo para lograrlo.

Capítulo 7

El comunismo decrecentista salvará el mundo

La pandemia de la COVID-19 también es un producto del Antropoceno

Hasta aquí hemos defendido el abandono del capitalismo y la transición al comunismo decrecentista. Ahora, me gustaría abordar cómo el comunismo decrecentista resolverá la crisis climática.

Pero antes hay un suceso que quisiera comentar como un precedente de la crisis del Antropoceno: la pandemia de la COVID-19. En esta pandemia —de las que ocurren una vez cada cien años— ha muerto muchísima gente y su impacto económico y social dejará huella en la historia. Sin embargo, es posible que el daño que el cambio climático pueda llegar a ocasionar a nivel planetario sea de una escala incomparablemente superior al de la COVID-19. Quizá las generaciones futuras, mientras sufren los tremendos estragos del cambio climático, echen la vista atrás y vean esta pandemia como algo transitorio y no especialmente grave.

Aunque la escala de los daños pueda ser muy diferente, la COVID-19 tiene valor como un preámbulo de la crisis que se avecina: el cambio climático y la pandemia de la COVID-19 están relacionados en tanto que manifestaciones de las contradicciones del Antropoceno. Ambos son productos del capitalismo.

Hemos visto cómo el capitalismo está en el origen del cambio climático. Su causa es el hecho de haber priorizado el crecimiento económico, que avasalla y destruye el medio ambiente a nivel planetario.

El esquema de una pandemia de enfermedades infecciosas es parecido. Para atender el aumento exponencial de la demanda de mercancías y servicios en los países desarrollados, el capital se introduce hasta en lo más recóndito de la naturaleza, destruye los bosques y fomenta las explotaciones agrícolas a gran escala. Inmiscuirnos en el corazón de la naturaleza no solo aumenta la probabilidad de contacto con virus ignotos. A diferencia de los complejos ecosistemas naturales, los espacios roturados, y especialmente los espacios dominados por el monocultivo, se hallan inermes frente a la expansión de los virus, que mutan y se propagan en un abrir y cerrar de ojos por todo el mundo, a lomos de las personas y cosas que viajan por este mundo globalizado.

Además, los expertos en la materia habían advertido durante años acerca de la peligrosidad de una pandemia, al igual que los científicos están clamando que se preste atención al cambio climático.

Las medidas que se adopten también serán parecidas en ambos casos. Cuando nos enfrentamos al dilema «vida o economía», la adopción de medidas contundentes para afrontar los problemas de raíz se pospone con la excusa del perjuicio para la economía. Pero cuanto más se postergue, mayor será el daño económico. Por supuesto, costará vidas humanas.

La democracia sacrificada por los Estados

Sin embargo, no todo vale con tal de que se adopte rápidamente. La reacción del Gobierno chino, que fue capaz de contener la primera ola de contagios en 2020, se basó en una represión estatal. Se aislaron las ciudades, se restringió y monitorizó el movimiento de la gente y se castigó con severidad a quienes no se atuvieran a las normas impuestas.

Incluso los países europeos, que se mofaban de esa reacción autoritaria, cuando el virus los alcanzó y comenzaron los contagios masivos en ellos, adoptaron medidas similares y los ciudadanos los aceptaron como inevitables frente a una situación que entendieron de fuerza mayor. Corea del Sur recurrió a las tecnologías digitales más avanzadas sacrificando la privacidad de la gente para controlar la propagación del virus.

Son sucesos premonitorios. Cuanto más graves son las crisis, más se demandan y con más facilidad se aceptan medidas estatales fuertemente intervencionistas y restrictivas de las libertades individuales.

Pero volvamos al esquema de las «cuatro opciones de futuro» del capítulo 3 (figura 9).

Según este esquema, las estrategias adoptadas por el presidente Trump, de Estados Unidos, o Bolsonaro, de Brasil, se corresponden con la modalidad política del tipo (1) Fascismo climático. Priorizando la actividad económica del capitalismo por encima de todo, destituyeron a ministros y expertos contrarios a sus medidas y siguieron adelante con ellas. Quienes defienden esta postura muestran de forma ostensible una actitud según la cual todo va bien mientras se salven quienes, como los superricos, pueden afrontar los desorbitados costes médicos o pueden seguir obteniendo ingresos mediante el teletrabajo. Lo que les pueda suceder a las clases más desfavorecidas les importa bien poco, y todo lo reducen a un problema de responsabilidad individual mientras ellos se hacen pruebas PCR una y otra vez.

El presidente Bolsonaro vio en la propagación del contagio entre los nativos una oportunidad de deforestación del Amazonas para su explotación e intentó derogar las restricciones a la tala de árboles con la excusa de la recuperación económica. Un caso paradigmático del capitalismo del desastre.

Figura 9. Las cuatro opciones de futuro

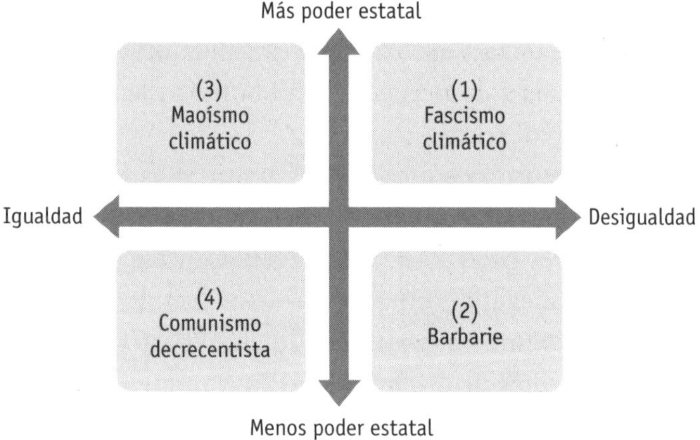

Por otro lado, China y los países europeos dieron más importancia a la salud de sus ciudadanos e implementaron medidas basadas en la fuerza coactiva de los Estados. Estas se corresponderían con políticas del tipo (3) Maoísmo climático. Aduciendo la prevención de contagios masivos, los Estados restringieron enormemente las libertades de movimiento, de reunión y otras.

Estas medidas fueron aplicadas convenientemente en Hong Kong para reprimir los movimientos de democratización. En Hungría, el Gobierno aprobó leyes para condenar con penas de hasta 5 años de prisión a quienes difundiesen noticias que el Gobierno considerase *fake*.

La mercantilización agudiza la dependencia en los Estados

En cualquier caso, al final, en tiempos de crisis, crece la probabilidad de una manifestación descarnada del poder estatal.

La razón está en la mercantilización de las relaciones sociales y el reemplazo de las redes de ayuda mutua por otras dinerarias y comerciales por la implantación del neoliberalismo a partir de la década de 1980. Nos hemos familiarizado tanto con esta dinámica que incluso los *know-how* de la ayuda mutua o de la solidaridad están perdiendo arraigo. Como consecuencia de ello, cuando sobrevienen situaciones de crisis, quienes se sienten preocupados o necesitados de ayuda no recurren a sus vecinos, sino al Estado. Se tiende a creer, cada vez más, que nuestra propia vida no se sostendría sin una fuerte intervención estatal.

En esta situación, ¿qué nos espera si la gente comenzase a demandar intervenciones estatales autoritarias en relación con el cambio climático? ¿Se terminará instaurando el (1) Fascismo climático, defensor de solo unos pocos mediante la construcción de muros, la exclusión de refugiados climáticos y el recurso a la geoingeniería? ¿O estaremos abocados al (3) Maoísmo climático, que supervisa, controla y castiga las emisiones de CO_2 de las empresas y hasta de los individuos?

Sea como fuere, los perdedores de la dominación social por políticos y tecnócratas serán la democracia y los derechos humanos.

Cuando los Estados se vuelven disfuncionales

Pero deberemos mantenernos alertas. La premisa de estas discusiones suele ser la de un funcionamiento correcto y suficiente de los sistemas de gobierno. Sin embargo, cuando las crisis se enquistan, es posible que incluso los Estados fuertes se vuelvan disfuncionales. De hecho, en la pandemia de la COVID-19, ante el colapso de los sistemas sanitarios y el caos económico, muchos Estados parecían completamente desarmados. Lo mismo podría suceder con el cambio climático: los sistemas de gobierno podrían sufrir graves disfunciones.

En tal caso, nos deslizaremos rápidamente hacia la (2) Barbarie, de la parte inferior derecha. Es el retorno a la guerra del todos contra todos.

No es ninguna exageración. En Estados Unidos una organización radical de extrema derecha llamada Boogaloo, que planea una guerra civil antigubernamental, estuvo reclutando nuevos miembros en las redes sociales en plena pandemia.[1] En el estado de Míchigan se produjeron disturbios en los que radicales armados, que protestaban contra el confinamiento, se agolparon ante la legislatura estatal.

Además, los momentos de crisis muestran sin paliativos las flaquezas del modo de vida imperial. En efecto, durante la primera ola de contagios, en los países desarrollados costaba incluso conseguir mascarillas o desinfectantes por haber externalizado a otros la producción y el suministro de todo tipo de productos con el fin de hacer realidad una vida barata y llena de comodidades.

Asimismo, a pesar de experiencias pasadas relativamente recientes de otros casos de enfermedades infecciosas, como el SARS o el MERS, la mayoría de las grandes farmacéuticas del mundo desarrollado se había especializado en el desarrollo de ansiolíticos o de fármacos para el tratamiento de la disfunción eréctil, más lucrativos, y habían abandonado la investigación y el desarrollo de antibióticos o antivirales, lo que contribuyó a agravar la situación.[2] Como contrapartida, las grandes ciudades de los países desarrollados perdieron la resiliencia (capacidad de resistir los problemas y de remontar los obstáculos).

En el caso de la crisis climática, los problemas alimentarios se agravarán. Países con un bajo nivel de autosuficiencia alimentaria y sin resiliencia, como Japón, entrarán en pánico. Esto supondrá el retorno inmediato a la (2) Barbarie.

El orden de preferencia entre «valor de cambio» y «valor de uso»

Estos problemas son exactamente los que Marx había descrito como «oposición entre valor de cambio y valor de uso» (ver capítulo 6).

En el contexto de la pandemia de la COVID-19, el valor de uso de un producto sería la capacidad curativa de un fármaco, mientras que el valor de cambio sería el precio del fármaco como mercancía. Entre una vacuna y un remedio contra la disfunción eréctil sería más útil la vacuna, que salva vidas. Sin embargo, en el capitalismo, las ganancias tienen prioridad frente a las vidas humanas. Es decir, en el capitalismo son más importantes los fármacos que se vendan sin parar aunque sean muy caros.

En el sistema capitalista, incluso los alimentos están sometidos a la dictadura del beneficio. Pero las crisis alimentarias no se superan exportando melocotones o uvas a precios desorbitados.

En el capitalismo, que adora el valor de cambio de la mercancía, pero desprecia su valor de uso (utilidad), estas situaciones son constantes. Por este camino lleva sin duda a la barbarie. Por eso, debemos despedir el capitalismo y evolucionar hacia una sociedad que dé importancia al valor de uso.

En el capítulo 3 llamé X a la cuarta de las cuatro opciones de futuro. Ya conocemos la respuesta. Exacto: la X es comunismo decrecentista. Este es el futuro al que debemos aspirar.

Comunismo o barbarie

¿Por qué comunismo? Porque si queremos evitar la barbarie, dominada por grupos de autodefensa de extrema derecha, radicales como los neonazis o criminales como la mafia, la autogestión y la ayuda mutua de las comunidades resulta indispensable. Hay que alumbrar procedimientos democráticos que permitan obtener, asegurar y repartir entre la gente las cosas necesarias para la vida sin someternos al dictado de ninguna autoridad. Precisamente por eso, y en previsión de la crisis, tenemos que promover y fomentar la capacidad de autogestión y de ayuda mutua en tiempos de paz y en nuestro día a día. Estoy seguro de que los japoneses han aprendido que cuando vienen mal dadas, aunque se quiera recurrir al Gobierno, este no los ayuda.

En cualquier caso, con una inminente crisis que socavará los fundamentos de la sociedad, medidas como abandonar los excesos del fundamentalismo de mercado y abogar por un fuerte intervencionismo estatal en los mercados son claramente insuficientes. Es decir, el keynesianismo ambiental —grandes estímulos fiscales o inversión de capital público en las industrias clave— no reducirá las emisiones de CO_2 y no solventará la crisis climática (ver capítulo 2). Tampoco servirá el capitalismo decrecentista que añade sostenibilidad a los estados del bienestar al estilo de los países del norte de Europa (ver capítulo 3).

La vaguedad y la falta de resolución en las medidas que se adopten son perjudiciales a largo plazo. En efecto, las democracias liberales actuales son incapaces de frenar el ascenso de los populismos de derecha. Por eso, invitaremos amablemente a los debates de la izquierda liberal a que abandonen la sala.

Es el momento de exclamar: ¡Comunismo o barbarie, solo quedan dos opciones bien claras!

Por supuesto, debemos optar por el comunismo. Debemos refrenar el impulso de querer depender de los Estados y los expertos, y de relegar los asuntos importantes, y explorar con coraje la vía del autogobierno y la ayuda mutua.

Thomas Piketty se «convierte» al socialismo

Quizá te haya parecido que estoy sacando las cosas de quicio. Pero no te asustes, porque se trata de una postura que incluso refrenda el mismísimo Thomas Piketty, autor de *El capital en el siglo XXI* y supercrestrella internacional de la ciencia económica.

Piketty es conocido como un liberal de izquierdas muy crítico con las desigualdades económicas y que propone como solución una mayor progresividad fiscal. Esta postura ecléctica de Piketty ha sido criticada por Žižek como «utópica», al igual que la de Stiglitz (ver capítulo 3).[3] Ciertamente, si nos limitamos a *El capital en el siglo XXI*, su crítica es acertada.

Sin embargo, en *Capital e ideología*, publicado en 2019, el tono argumentativo de Piketty es completamente diferente. En esta obra comienza a insistir en la necesidad de «superación del capitalismo» y en la instauración de un «socialismo participativo» frente a un simple «capitalismo domesticado». Afirma Piketty:[4]

> Tengo el firme convencimiento de que se puede superar el sistema capitalista actual y trazar los contornos de un nuevo socialismo participativo del siglo XXI. Se puede trazar el perfil de un futuro basado en un nuevo universalismo e igualitarismo que dependa de una nueva propiedad social, educación, conocimientos y poderes compartidos. No se conoce otra conversión al socialismo más evidente en los últimos años.

Piketty tacha con ironía de «izquierda brahmán» a los partidos socialdemócratas que han abandonado a la clase trabajadora y se han echado en brazos de la élite intelectual y de las clases pudientes. Y está criticando duramente a la izquierda liberal por considerar que están permitiendo el ascenso de los populismos de derecha.

La izquierda debe recordar de nuevo por quiénes y por qué sufrimientos lucha. Para ello, Piketty iza la bandera del socialismo.

La importancia de la autogestión y la cogestión

Lo más relevante aquí es el contenido de la contrapropuesta. Piketty sigue poniendo el acento en el impuesto sobre la renta o el de sucesiones; pero, ante el problema del cambio climático, también llama la atención sobre el limitado alcance del efecto de los gravámenes, como el impuesto sobre el carbono. Es decir, el fundamentalismo de mercado no solucionará nada; pero tampoco se logrará nada solo a base de políticas fiscales.

A través de la confrontación con el cambio climático, el interés de Piketty se dirige a la producción. Piketty cree indispensable la implementación del «socialismo participativo» en ella. Y para ello está empezando a reclamar la propiedad social de las compañías por los trabajadores y su participación en la gestión.

Es decir, Piketty critica la dictadura interna de las compañías, donde un reducido número de grandes accionistas deciden la gestión buscando la maximización de los dividendos; frente a esta, proclama la importancia de la autogestión y la cogestión de la producción por los propios trabajadores.[5]

En definitiva, la conclusión de Piketty ante la crisis climática es que el capitalismo no sirve para defender la democracia. Por eso, para salvar la democracia es necesario instaurar un socialismo que no se limite a la simple redistribución de la riqueza, sino que promueva la autonomía de los trabajadores en los centros de producción. Es un planteamiento que coincide plenamente con la propuesta de este libro.

El concepto de «socialismo participativo» es, asimismo, importante. La autogestión y la cogestión, que él destaca como características del socialismo participativo son, asimismo, los conceptos clave de lo común.[6]

Como también recalca Piketty, el socialismo participativo no tiene nada que ver con el socialismo soviético. En la medida en que en la URSS las decisiones y la información estaban monopolizadas por una camarilla de burócratas y expertos, un socialismo participativo y democrático era inconcebible.

Frente a una URSS dictatorial, el socialismo participativo pretende la transición a una sociedad sostenible fomentando la autogestión y la ayuda mutua desde organizaciones de base. Ahora, las posturas del último Marx y Piketty se están acercando como nunca antes.

Para reparar la fractura en el metabolismo

Pero Piketty no se ha manifestado explícitamente a favor del decrecimiento. Asimismo, aunque defiende el socialismo participativo, su propuesta depende básicamente del poder estatal de coerción fiscal en su proceso de transición. Esto es un problema. Es decir, cuanto más se quiera reprimir al capital con la imposición de gravámenes, más crecerá el poder del Estado y se irá deslizando hacia un socialismo estatal, tipo (3) Maoísmo climático, y nos iremos alejando cada vez más del comunismo decrecentista de Marx.

Me gustaría recordar aquí su teoría del metabolismo: la visión según la cual una producción que persiga la multiplicación infinita del valor del capital se disgrega de los procesos cíclicos naturales y, finalmente, acaba generando un «desgarramiento insanable» entre el hombre y la naturaleza.

Según Marx, la única forma de reparar esta fractura es mediante un cambio drástico en el ámbito del trabajo que permita una producción adaptada a los ciclos de la naturaleza.

Como se vio en el capítulo 4, el trabajo es una actividad de mediación entre el hombre y la naturaleza. Según la teoría del metabolismo desarrollada en *El capital*, el hombre y la naturaleza están ligados por el trabajo. Por eso, la transformación del concepto de trabajo en la sociedad actual resulta decisiva para salvar el medio ambiente.

Dicho de una manera un tanto provocativa: para Marx, tratar de cambiar los métodos de reparto de la riqueza o las formas de consumo, o reformar los sistemas de gobierno y los valores imperantes entre las masas, es algo secundario. Aunque el comunismo se tergiversa con frecuencia como la supresión de la propiedad privada y su estatalización, ni siquiera la naturaleza de la propiedad sería un problema fundamental.

Lo esencial es la transformación del trabajo y la producción. La diferencia decisiva entre la postura de los decrecentistas tradicionales y el posicionamiento de este libro está en que los primeros, por su prejuicio contra el marxismo y los movimientos obreros, no dan el paso definitivo para afrontar el problema del trabajo.

En efecto, los viejos decrecentistas adolecen de una fijación excesiva en el autocontrol en el plano del consumo: ahorrar agua y luz, dejar de comer carne, comprar de segunda mano y compartir cosas. Pero la focalización exclusiva en las reformas, ya sea en los sistemas de propiedad, la redistribución o los valores morales, sin que ello implique una transformación drástica de la naturaleza misma del trabajo, no servirá para derrotar el capitalismo.

Incluso en tiempos de Marx, algunos, como Proudhon, pretendieron materializar el socialismo mediante reformas de la distribución, pero sin intervenir en la producción. Proudhon fue duramente criticado por Marx, para quien el foco debía situarse en la producción y reproducción sociales. Estaba convencido de que la transformación en los centros de producción sería la clave del empoderamiento para el gran cambio de todo el sistema.

El cambio comienza en los centros de trabajo y producción

La valorización de la producción podría parecer una reivindicación anacrónica. Pero, como expondré más adelante, me gustaría enfatizar la importancia de la producción por razones diferentes a las alegadas por los marxistas del siglo XX. A mi juicio, la adopción de esta perspectiva, enfocada sobre todo en la producción, sería provechosa, precisamente, para los movimientos ecologistas y decrecentistas hasta ahora embaucados por los cantos de sirena del consumismo, el iluminismo y el politicismo para eludir el problema del trabajo.

Y digo más: dado que, precisamente, al enfrentarnos a un problema ciclópeo como el cambio climático, es fácil caer en el pesimismo, quiero reivindicar una revalorización de la teoría de Marx de la reforma del trabajo.

La perspectiva pesimista sobre la crisis climática se debe a la enormidad del problema. No podemos hacer nada solos. Ni los políticos, burócratas y las élites empresariales parecen atender a las voces que claman por la adopción de medidas contra el cambio climático. Por eso es difícil ilusionarse con un cambio radical a través de la política. De esta forma, la gente queda sumida en la desesperación. Pero si nos rindiéramos aquí, nos encaminaríamos directos a la barbarie.

Si es que aún queda margen para que la gente se implique activamente en acciones concretas, ese margen estará en el plano de la producción. Es ahí donde debemos dar nuestro primer paso hacia el cambio.

Una pequeña semilla plantada en Detroit

Algunas semillas plantadas en el plano de la producción están dando sus frutos. Me gustaría comentar uno de estos casos. Estamos en Detroit, el histórico centro de producción de marcas emblemáticas de coches, como GM o Ford. Pero el declive de la industria automovilística multiplicó los desempleados, empeoró las finanzas y en 2013, con una deuda cercana a los 2 billones de yenes japoneses, la ciudad quebró y quedó reducida a las ruinas del sueño capitalista.

La gente la fue abandonando, sus calles se volvieron peligrosas y la decadencia se hizo patente. Sin embargo, algunos ciudadanos que permanecieron en ella no la dieron por desahuciada y empezaron a promover proyectos para regenerarla.

Fue entonces cuando comenzaron a vislumbrarse oportunidades. La gente se dio cuenta de que el significativo abaratamiento del precio del suelo, debido a la desbandada de personas y empresas, ofrecía oportunidades para proyectos nuevos. Uno de ellos fue la agricultura urbana. En torno a voluntarios y cooperativas de trabajadores se comenzó a practicar la agricultura ecológica como un intento de revitalización de la ciudad.[7]

Poco a poco, la agricultura urbana fue recuperando zonas verdes. Pero más importante que esto fue el restablecimiento de los lazos entre los miembros de las distintas comunidades, rotos a causa del aumento de la delincuencia. Cuentan que las redes de ciudadanos se fueron reconstruyendo a través del cultivo de verduras y hortalizas, el comercio en mercados locales y el abastecimiento de materias primas a los restaurantes. Por supuesto, el consumo de productos frescos y sanos contribuye a la mejora de la salud de los ciudadanos.

Estos movimientos se están extendiendo por todo el mundo. Por ejemplo, en 2019, en Copenhague, se decidió crear un huerto público del que cualquiera se puede servir para comer de forma gratuita.[8] En el futuro, toda la ciudad se convertirá en un huerto urbano (*edible city*). Se trata, ni más ni menos, que de modernos pastos comunales. Es una auténtica restauración de los *commons*. Se observa aquí una abundancia radical incompatible con la lógica del capitalismo.

El cultivo urbano de frutas y hortalizas no solo proporciona alimentos a las personas necesitadas, sino que eleva entre la población el interés por la agricultura y el medio ambiente. Evidentemente, a nadie le estimula la idea de comer frutas embadurnadas en gases de escape. Esto lleva a la gente a demandar más carriles bici para reducir la contaminación atmosférica. Y este constituye un primer paso para recuperar la abundancia de lo común —en este caso, las vías de tránsito, como caminos y carreteras— frente a una sociedad motorizada.[9]

Así, progresivamente, la imaginación de la gente echa a volar y comienza a soñar con un futuro que era casi inimaginable. «¿Qué pasaría si todos los alimentos que se consumiesen en Detroit se produjeran localmente?» o «¿Qué pasaría si se prohibiera la circulación de vehículos motorizados particulares en el área urbana de Copenhague?». Estos «qué pasaría si», formulados con concreción, remontarán la pobreza imaginativa que acepta el orden establecido sin cuestionarlo y quebrará la dominación del capital.[10]

Es bien conocido que Frederic Jameson, crítico literario marxista, dijo que «es más fácil imaginar el fin del mundo que el fin del capitalismo».[11] Pero las semillas plantadas en la esfera de la producción están fructificando en esperanzas que no emergían de la reforma del consumo.

Superación del «modo de producción imperial» mediante los movimientos sociales

Los espacios de producción forman comunidades. Además, como se verá en el capítulo 8, estas tienen la fuerza suficiente como para causar un gran impacto en la sociedad a través de su expansión en círculos mayores. Los movimientos que nacen del trabajo pueden incluso llegar a condicionar y dirigir la acción política.

Por eso, lo que en este libro se considera el problema fundamental no es tanto el modo de vida imperial, más relacionado con el estilo de vida, sino la producción que hace posible ese tipo de vida consumista. O sea, lo primordial es la superación del modo de producción imperial. Para corregir el primero hay que superar antes el segundo.

Quiero volver a insistir, no obstante, en que recurrir de golpe a un modelo politicista, basado en soluciones que se aplican de arriba abajo, no funcionará.

Por supuesto, la política es necesaria y algunas medidas deberán ser aplicadas de arriba abajo, dadas las restricciones temporales que impone el cambio climático. Sin embargo, las políticas que afronten los problemas medioambientales deberán suponer un desafío al capital. Para hacerlas realidad, resulta indispensable el firme apoyo de los movimientos sociales.

Acerca de la importancia de los movimientos sociales, el sociólogo Manuel Castells afirma correctamente lo siguiente: «Sin movimientos sociales, la sociedad civil no generará nada que sea capaz de cuestionar realmente a las instituciones estatales».[12]

Las políticas efectivas de lucha contra la crisis climática del Antropoceno no surgirán de la nada. No hay que estar esperando a nada ni a nadie. Podemos empezar nosotros.

El capital en el Antropoceno

Entonces ¿qué debemos hacer? Comencemos.

Recapitulando: según *El capital*, la única forma de reparar la fractura en el metabolismo entre el hombre y la naturaleza es transformar drásticamente el trabajo para permitir una producción acorde con los ciclos de la naturaleza. El hombre y la naturaleza están conectados por medio del trabajo. Por eso, precisamente, la transformación del trabajo es decisiva para superar la crisis ambiental.

Pero esta explicación se queda corta para explicar cómo la transformación de la producción y el trabajo solucionará la crisis climática. ¿Por qué pensó Marx que el trabajo en un sistema comunista sería capaz de subsanar el desgarramiento insanable en el metabolismo? La respuesta a esta pregunta no se deduce directamente de la lectura de *El capital*. Por eso hay investigadores que consideran demasiado pesimista la argumentación de Marx acerca del desgarramiento.[13]

Una vez más, la visión del último Marx vuelve a ser clave. Tras la publicación de *El capital*, Marx profundizó en su investigación de las ciencias naturales en busca de la fórmula para reparar las fractura susodicha. Solo tras la lectura de *El capital* a la luz de las ideas del último Marx se puede explicar por qué el comunismo decrecentista reparará el desgarramiento en el metabolismo.

Los marxistas del siglo XX, que no prestaron atención al punto culminante de las ideas del último Marx, eran optimistas acerca de la posibilidad de superación, incluso de los límites de la naturaleza, tras la instauración del socialismo, cuando los trabajadores se apoderasen de las tecnologías y de la ciencia y las manejasen a su antojo. Creían que el recurso a la tecnología también sería el remedio para el desgarramiento en el metabolismo.

Sin embargo, esa clase de determinismo de las fuerzas productivas es un error y contradice las ideas del último Marx. El marxismo tradicional ha engendrado quimeras con el capitalismo de Silicon Valley, como Bastani. Pero este no es el comunismo al que aspiraba Marx.

Por eso, hay que volver a releer y a reinterpretar *El capital*, enturbiado hasta ahora por la visión de la historia como progreso, a través del prisma del comunismo decrecentista. El capítulo 4 sentó las bases para esta relectura. Es decir, solo cuando se tiene presente el sentido de las investigaciones finales de Marx sobre la ecología y las comunidades emerge la auténtica aportación de *El capital*. Y esta constituirá el arma que nos permitirá afrontar los problemas presentes.

La aportación se puede resumir en cinco grandes puntos: transición a una economía del valor de uso, reducción de la jornada laboral, prohibición de la división uniformizadora del trabajo, democratización del proceso de producción y revalorización de las actividades esenciales.

A simple vista, pudiera parecer que los marxistas tradicionales ya propusieron y defendieron ideas similares. Sin embargo, como quedará inmediatamente claro, las metas que se pretenden alcanzar con ellas son completamente diferentes.

Las ideas decrecentistas de Marx han sido ignoradas durante casi ciento cincuenta años. Debido a ello, reclamaciones que pudieran parecer semejantes nunca han sido formalizadas como argumentos a favor de la desaceleración de la economía. Ahora, por primera vez, *El capital* será actualizado para el Antropoceno.

La clave está en que cuanto más se frene el crecimiento económico, más se avanzará en la transición a una economía sostenible. Además, la desaceleración es letal para el capitalismo que solo sabe acelerar. En el capitalismo, siempre sediento de beneficios, es inconcebible una producción acorde con los ciclos de la naturaleza. Por eso el desaceleracionismo es revolucionario y no lo es el aceleracionismo.

Veamos lo que debemos hacer para dar el salto definitivo al comunismo decrecentista.

Los pilares del comunismo decrecentista (1): transición a la economía del valor de uso

Reemplazar la economía actual por otra
basada en el valor de uso y abandonar
la producción y el consumo en masa

Dar más importancia al valor de uso es algo que también defendía el marxismo tradicional. Es una propuesta literal de *El capital*. Comenzaré por esta cuestión.

Marx distinguió entre el valor de cambio y el valor de uso de las mercancías. Como vimos en el capítulo 6, en el capitalismo, cuya finalidad es la acumulación de capital y el crecimiento económico, es más importante el valor de cambio. El objetivo principal del capitalismo es su multiplicación. En última instancia, todo vale con tal de que se venda. Es decir, el valor de uso (utilidad) de una mercancía, su calidad o su carga ambiental son irrelevantes, si se vende, como si se desecha inmediatamente.

Sin embargo, cuando se observa con perspectiva el desarrollo de las fuerzas productivas que solo busca la multiplicación del valor de cambio, sus contradicciones se hacen patentes. Por ejemplo, la reducción de costes por la mecanización estimula la demanda y se vende más, pero perjudica severamente al medio ambiente.

Asimismo, aunque el incremento de la productividad lógicamente implica la obtención y disponibilidad de más productos, como bajo el capitalismo solo se aprecia el valor de cambio, es irrelevante que dicha producción sea o no beneficiosa para la reproducción social. Se produce lo que mejor se venda. Punto final. No importa que se desprecien las cosas realmente necesarias para la reproducción social.

Como vimos, al comienzo de la pandemia fue evidente la carencia de una estructura de producción para satisfacer con la suficiente agilidad la demanda de productos indispensables para proteger a la sociedad del contagio, como respiradores artificiales, mascarillas o desinfectantes. Debido a la deslocalización de las fábricas para reducir los costes de producción, un país supuestamente desarrollado, como Japón, fue incapaz de fabricar ni siquiera las mascarillas necesarias. Todo esto es consecuencia de haber favorecido la multiplicación del valor del capital en detrimento del valor de uso. El resultado ha sido la pérdida de resiliencia frente a la crisis.

Este tipo de producción, que ignora el valor de uso, es letal en la era de crisis climática. Y es que hay muchas tareas pendientes: garantizar el acceso universal a alimentos, agua, luz, vivienda y transporte público; tomar medidas contra las inundaciones y las mareas altas, proteger los ecosistemas, etcétera. Por eso es tan importante dar preferencia a lo que se necesita para enfrentarnos a las crisis.

Para ello, el comunismo replanteará radicalmente el objetivo de la producción. En el comunismo, su finalidad no será la multiplicación del valor de cambio, sino el valor de uso, y la someterá a una planificación de tipo social. Dicho de otro modo: ya no se buscará aumentar el PIB, sino satisfacer las necesidades básicas de las personas. Esta, y no otra, es la postura básica del decrecimiento (véase capítulo 3).

Estoy seguro de que Marx, en sus últimos años, hubiera criticado con claridad el consumismo que pretendiera el incremento de las fuerzas productivas para cebar la codicia de la gente. Cortemos de raíz nuestra relación con este consumismo actual y sustituyámoslo por una producción orientada a lo que las personas necesitamos para prosperar, fomentando, al mismo tiempo, el autocontrol. Este es el comunismo que se necesita en el Antropoceno.

Los pilares del comunismo decrecentista (2): reducción de la jornada laboral

MEJORAR LA CALIDAD DE VIDA REDUCIENDO
LAS HORAS DE TRABAJO

La transición a una economía del valor de uso alterará significativamente la dinámica de la producción reduciendo drásticamente el trabajo sin sentido que solo busque ganar dinero. Esto hará que la fuerza de trabajo se asigne de forma consciente a la producción verdaderamente necesaria para la reproducción social.

Por ejemplo, se prohibirá excitar la avaricia mediante el *marketing*, la publicidad o el *packaging*. Serán prescindibles la consultoría o los bancos de inversión. No habrá ninguna necesidad de tener abiertos 24 horas los supermercados o los restaurantes familiares. Se acabaron los «abierto todo el año».

En cuanto se dejen de producir cosas innecesarias, se acortará considerablemente el tiempo total de trabajo del conjunto de la sociedad. Pero aunque se reduzcan las horas de trabajo, como lo único que desaparecerá será el trabajo innecesario, se mantendrá la prosperidad social efectiva. Es más, la reducción de las horas de trabajo tendrá efectos beneficiosos tanto para la vida de la gente como para el medio ambiente. Marx también decía en *El capital* que para hacer realidad una economía del valor de uso, la reducción de las horas de trabajo es un requisito fundamental.

La capacidad productiva de la sociedad actual debería ser suficiente. La automatización la ha elevado a niveles nunca antes alcanzados. En realidad, esto debería permitir la liberación de las personas de la esclavitud salarial.

Pero la automatización bajo el capitalismo no está conduciendo a la sociedad por la senda de la liberación del trabajo, sino que la está sometiendo aún más, a la amenaza de los robots o la amenaza del desempleo. Quienes temen el desempleo trabajan a destajo rozando el *karôshi*. Es una manifestación del absurdo del capitalismo. Lo mejor que podemos hacer con un sistema así es deshacernos de él cuanto antes.

En cambio, el comunismo persigue, a través del trabajo compartido, una mejora de la calidad de vida (QOL, por sus siglas en inglés) que no tiene reflejo en el PIB.[14] La reducción de la jornada laboral debería reducir el estrés y facilitar el reparto de las tareas del hogar para las familias con hijos o que estén a cargo de personas que necesitan cuidados.

Sin embargo, no se trata simplemente de aumentar la productividad a lo loco para trabajar menos horas. Es cierto que eslóganes como «liberarse del yugo del trabajo» o «15 horas semanales de trabajo» se están popularizando, no solo por corrientes de opinión como el aceleracionismo de Bastani, sino incluso por los partidarios del decrecimiento. La economía netamente mecanizada suena atractiva. Pero el último Marx hubiera objetado que una propuesta tan extremista, como tratar de eliminar por completo el trabajo a través de su automatización total y la reducción progresiva de la jornada laboral, está cargada de problemas. La razón es que tratar de incrementar aún más la productividad, buscando la liberación del trabajo, conlleva asestar un golpe catastrófico al medio ambiente.

La reducción de las horas de trabajo mediante la automatización también debe ser considerada desde otra perspectiva: la de la energía.

Supongamos que la introducción de una nueva tecnología en una fábrica lleva al reemplazo de diez trabajadores por uno solo: la productividad se ha decuplicado. Pero esto no equivale a que la capacidad de un trabajador humano se haya multiplicado por diez. Lo que ha ocurrido es que, simplemente, la energía procedente de combustibles fósiles ha sustituido la labor desempeñada por nueve obreros. Es decir, que en vez de unos esclavos del salario, llamados «obreros», ahora está trabajando un esclavo energético llamado «combustible fósil».

Lo importante aquí es la «tasa de retorno energético» (TRE, o EROEI, por sus siglas en inglés) de los combustibles fósiles. La TRE, también llamada «rendimiento energético de la inversión», es un índice que muestra la cantidad de energía que se obtiene de una fuente de energía en relación con la necesaria para su obtención.

Del petróleo de la década de 1930, de 1 unidad de energía invertida se obtenían 100. Es decir, las 99 restantes se podían utilizar libremente. Sin embargo, a partir de aquel momento la TRE del petróleo comenzó a descender hasta que, en los últimos años, está siendo motivo de preocupación el hecho de que haya caído hasta aproximadamente a una TRE de 10.[15] Es el resultado de haber esquilmado el petróleo más fácilmente accesible.

Sin embargo, en comparación con las fuentes de energía renovables, la TRE del petróleo es mucho mayor. La luz solar tiene una TRE de apenas 2,5 a 4,3; y la TRE del etanol procedente del maíz es prácticamente de 1. Un retorno de una unidad energética por cada unidad aportada carece de sentido. Debido a que estas fuentes de energía son de muy baja densidad energética, requieren inversiones de capital y trabajo muy superiores.

Para llegar a una sociedad libre de carbono no queda otra alternativa que reemplazar el consumo de combustibles fósiles de alta densidad energética por fuentes de energía renovables. Pero el descenso en el retorno energético dificultará el crecimiento económico. La bajada de la productividad que supondrá la reducción de las emisiones de CO_2 se conoce como la «trampa de las emisiones» (*emissions trap*).[16]

La reducción de los «esclavos energéticos», por el contrario, implicará más horas de trabajo humano. Por supuesto, esto frenará el recorte de la jornada laboral y se ralentizará la producción.

No nos queda más remedio que aceptar un recorte de la producción para reducir las emisiones de CO_2. Y precisamente por el descenso de la capacidad de producción que acarrea la trampa de las emisiones cobra una importancia cada vez mayor la eliminación de trabajos que no generen valor de uso y la reasignación de la mano de obra a tareas realmente importantes. En la sociedad libre de carbono es imposible eliminar el trabajo o liberar a la gente del trabajo aumentando la productividad.

Por eso es necesario reconsiderar la apreciación de Marx acerca de la importancia de hacer del trabajo una actividad realmente satisfactoria y atractiva. La siguiente idea parte de este reconocimiento.

Los pilares del comunismo decrecentista (3): prohibición de la división uniformizadora del trabajo

Acabar con la uniformización que implica la división del trabajo y recuperar la creatividad

Debido a la potencia de la URSS en el imaginario colectivo, no pocos se sorprenderán de la siguiente afirmación, pero el caso es que Marx demandaba hacer «atractivo» el trabajo. Por mucho que se reduzca la jornada, si la tarea es aburrida y dura, la gente caerá en el consumismo para aliviar el estrés. Paliar el estrés cambiando el contenido del trabajo es imprescindible para recuperar una vida verdaderamente humana.

Sin embargo, al observar los centros de producción actuales se ve cómo la subsunción en el capital por la automatización está espoleando la simplificación de las tareas desempeñadas por los trabajadores. Mientras, por un lado, la estandarización de las tareas que cada obrero debe ejecutar aumenta significativamente su eficiencia operativa, por el otro el trabajador va siendo despojado de su autonomía. Los trabajos aburridos y sin sentido proliferan.

A pesar de ello, los viejos decrecentistas, que eluden el problema del trabajo, apenas discuten este asunto. En el marco conceptual de los decrecentistas tradicionales lo que se persigue es que los trabajadores realicen actividades creativas y sociales fuera de la jornada laboral. Por eso proponen reducirla automatizándola al máximo, pero soportando como mejor se pueda lo que no es susceptible de automatización, por desagradable que sea.

Por el contrario, Marx no pensaba en absoluto que el trabajo fuera un asunto que se debiera eludir. Más bien, buscaba lograr «las condiciones subjetivas y objetivas para que el trabajo sea atractivo o, dicho de otro modo, para que el trabajo sea la vía de autorrealización» y que, de esta forma, el trabajo se convirtiese en una oportunidad para el desarrollo de la creatividad y la autorrealización.[17]

No solo se trata de aumentar el tiempo libre fuera del trabajo; sino de eliminar el sufrimiento y el sinsentido mientras se trabaja. Se trata de transformarlo en una actividad creativa y de autorrealización.

Según Marx, el primer paso obligado para recuperar la creatividad y la autonomía en el trabajo es la «prohibición de la división del trabajo». Bajo el sistema de división del trabajo capitalista, el proceso productivo se desmiembra y reduce a tareas simples y monótonas. Frente a esto, lo deseable para hacerlo atractivo es el diseño de entornos de producción en los que la gente pueda dedicarse a labores diversas y variadas.

Por eso, Marx insistía en la superación de la «oposición entre el trabajo mental y físico» o la «oposición entre la ciudad y el campo» como la asignatura pendiente de la sociedad futura.

En la *Crítica del programa de Gotha* también se recalca esta idea. En la sociedad futura, los trabajadores «dejarán de estar sometidos a la división del trabajo como esclavos» y «el trabajo se convertirá en la primera demanda vital dejando de ser únicamente un medio de vida». Cuando esto suceda —se afirma—, se hará realidad un «desarrollo integral» de las capacidades de los trabajadores.[18]

También para alcanzar este objetivo, Marx daba gran importancia a la formación profesional justa y continua. Con ello se trataría de superar la subsunción en el capital de los trabajadores para convertirlos en los auténticos dueños de la industria. Al considerar la puesta en práctica de estas ideas en la sociedad actual, el esfuerzo que las cooperativas de trabajadores y otras dedican a la capacitación laboral brilla con luz propia.

Hay otra cosa que se puede afirmar desde la perspectiva decrecentista del último Marx: si se abandonara la división uniformizadora del trabajo para recuperar otro verdaderamente humano, la optimización del proceso productivo para el crecimiento económico dejaría de ser la cuestión prioritaria. Se daría preferencia a la ayuda mutua frente a la búsqueda de beneficios. Se ensancharía y diversificaría el espacio de actuación de los trabajadores. Si se diera más importancia a la rotación en los puestos para un reparto equitativo de la carga de trabajo o a la contribución local, se desaceleraría naturalmente la actividad económica. Esto es lo deseable.

En este proceso no existe ninguna necesidad de rechazar la ciencia y la tecnología. En efecto, el recurso a la tecnología ampliará el abanico de actividades para la gente. Esta es la forma de utilizar las tecnologías abiertas (véase p. 191).

Pero para desarrollar estas tecnologías, es necesario abandonar una economía basada en tecnologías cerradas, tendente a someter a los trabajadores y consumidores, es decir, centrada en la obtención de beneficios, y cambiarla por una economía orientada a la producción de valor de uso.

Los pilares del comunismo decrecentista (4): democratización del proceso de producción

AVANZAR EN LA DEMOCRATIZACIÓN DEL PROCESO
DE PRODUCCIÓN Y DESACELERAR LA ECONOMÍA

Vamos a centrarnos en el valor de uso y a adoptar tecnologías abiertas para acortar el tiempo de trabajo. Sin embargo, para esta reforma laboral, los trabajadores deberán tomar el control de la producción. Esta es la «propiedad social», que también reclama Piketty (véase p. 242).

Se trata de controlar democráticamente los medios de producción como lo común a través de la propiedad social. Es decir, debatir de manera abierta y democrática para decidir qué tecnologías se desarrollan y cómo se utilizan para producir.

Esto no se haría solo en relación con las tecnologías. Si se decidiera democráticamente acerca de las fuentes de energía o las materias primas, se obrarían muchos cambios. Por ejemplo, quizá se rescindan los contratos con las compañías de generación eléctrica nuclear y se opte, en cambio, por las energías renovables de producción y consumo locales.

En este asunto, lo importante desde el punto de vista del último Marx es que la democratización del proceso productivo implica la desaceleración de la economía. La democratización del proceso productivo consiste en la cogestión de los medios de producción mediante la asociación. Es decir, decidir democráticamente qué se produce, cuándo y cómo. Por supuesto, no siempre las opiniones coincidirán. Alcanzar acuerdos cuando las decisiones no son impuestas es un proceso lento. El cambio decisivo que traerá la propiedad social será la ralentización de la toma de decisiones.

Esto contrasta notoriamente con los procesos de toma de decisión en las grandes compañías, donde se impone la voluntad de los grandes accionistas. La razón de que las grandes compañías son capaces de tomar decisiones rápidas frente a circunstancias ferozmente cambiantes es que en ellas la toma de decisiones se rige por un sistema antidemocrático. Marx se refería a esto como la «tiranía del capital».

Frente a esto, la asociación de Marx, en la medida en que respeta la democracia en el proceso de producción, aminora el ritmo de la actividad económica. La URSS no quiso aceptar esta ralentización y se convirtió en una dictadura burocrática.

La democratización del proceso productivo que persigue el comunismo decrecentista también transforma la producción de toda la sociedad. Por ejemplo, se prohibirán los derechos de propiedad intelectual o los monopolios de las plataformas que, protegidos por las nuevas tecnologías, proporcionan beneficios ingentes solo a unas pocas compañías farmacéuticas o a GAFA (Google, Apple, Facebook y Amazon). El conocimiento y la información deben ser lo común de toda la sociedad. Hay que recuperar el carácter de abundancia radical del conocimiento.

En este proceso, es muy probable que la pérdida de motivación por la obtención de beneficios o de cuota de mercado frene el ritmo de las innovaciones de las compañías privadas.

Sin embargo, esto no es necesariamente malo. En algunos casos, el desarrollo de tecnologías cerradas del capitalismo, destinado a generar escasez artificial, llega incluso a obstaculizar el progreso de la ciencia y la tecnología. Como se afirma en la *Crítica del programa de Gotha*, la emancipación de la coacción del mercado permitirá el despliegue de las capacidades individuales y, a través de la innovación, se podrían muy bien esperar mejoras en la eficiencia productiva o incrementos de la capacidad de producción.

El comunismo busca el desarrollo de nuevas tecnologías abiertas, como lo común, cuidadosas con los trabajadores y el medio ambiente.

Los pilares del comunismo decrecentista (5): revalorización de las actividades esenciales

AVANZAR HACIA UNA ECONOMÍA DEL VALOR
DE USO Y REVALORIZAR LAS INDUSTRIAS INTENSIVAS
EN MANO DE OBRA

Como se expuso en el capítulo 4, el último Marx había renunciado al determinismo de las fuerzas productivas y comenzaba a aceptar las limitaciones de la naturaleza. Sobre esta cuestión, me gustaría recalcar que existen límites evidentes a la automatización o la inteligencia artificial, muy en boga y casi idolatrados en los últimos años.

En general, los trabajos o tareas difícilmente mecanizables, que requieren ser ejecutados por seres humanos, son catalogados dentro de la llamada «industria intensiva en mano de obra». La asistencia y el cuidado de personas sería un ejemplo prototípico de trabajo intensivo en mano de obra. El comunismo decrecentista busca la instauración de una sociedad que dé importancia a las tareas que integran este sector. Este cambio respecto a la sociedad actual también contribuirá a frenar la marcha de la economía.

Para comprender cómo la revalorización de la industria intensiva en mano de obra ralentizará el ritmo de la economía profundizaremos en el trabajo de asistencia y cuidado de personas.

En primer lugar, es muy difícil automatizar las tareas que integran el trabajo de cuidado y asistencia de personas. En el ámbito de la reproducción social, que da importancia a la atención personal o a la comunicación, aunque se traten de uniformizar o estandarizar las tareas que se desempeñan en ellas, resulta imposible hacerlo debido a la naturaleza compleja y diversa de los problemas que se atienden, propensos a imprevistos e irregularidades constantes y permanentes. El componente de imprevisibilidad e irregularidad es un serio escollo para el desempeño exitoso de los robots o de la inteligencia artificial.

Esta es una prueba fehaciente de que el trabajo de asistencia y cuidado de personas es una producción centrada en el valor de uso. Por ejemplo, un cuidador certificado no se dedica simplemente a seguir las instrucciones para dar de comer, vestir o bañar a las personas que requieren ayuda. Escuchan las preocupaciones de estas y construyen relaciones de confianza mientras permanecen atentos a las pequeñas señales y los cambios en su estado físico o anímico para, de forma flexible, atender sus necesidades teniendo en cuenta su carácter o sus experiencias pasadas, caso por caso. Ocurre lo mismo con los cuidadores de bebés y niños o la labor de los profesores.

Por estas peculiaridades, al trabajo de cuidado y asistencia también se lo conoce como «trabajo emocional». A diferencia de los trabajos, por ejemplo, en una cinta transportadora, en los trabajos emocionales todo se irá al traste si se ignoran los sentimientos de las personas atendidas. Por eso no se puede duplicar o triplicar el número de personas a las que atiende un cuidador. La atención personal y la comunicación requieren tiempo y dedicación. Y, ante todo, las personas que necesitan ser atendidas no desean que se las atienda más rápido.

Por supuesto, hasta cierto punto habrá margen para estandarizar todo lo estandarizable en el proceso de asistencia y optimizar la ejecución de ciertas tareas. Pero si se persiguiera en exceso la productividad para aumentar las ganancias (= valor de cambio), al final, se deterioraría la calidad del servicio (= valor de uso).

Sin embargo, dada su dificultad de mecanización y automatización, el sector asistencial intensivo en mano de obra está considerado un sector con altos costes de producción y bajo nivel productivo. Por ello, los burócratas y los cargos directivos, incluso aquellos próximos a los lugares de trabajo, demandan mejoras imposibles en la eficiencia y ejecutan reformas o reducciones de costes difícilmente justificables.

Trabajos de mierda (*bullshit job*) vs. actividad esencial (*essential work*)

En la presión que la sociedad capitalista ejerce sobre las actividades esenciales subyace el problema de un distanciamiento extremo entre el valor de cambio y el valor de uso.

En el mundo actual, el *marketing*, la publicidad, la consultoría, los servicios financieros o la industria de los seguros están entre los sectores con empleos mejor remunerados. Sin embargo, a pesar de su aparente pátina de relevancia, en realidad estos sectores apenas contribuyen a la reproducción social.

Como señala David Graeber, incluso quienes se dedican a estos trabajos sienten que su labor es perfectamente prescindible para la sociedad y que su desaparición no causaría ningún problema social. El mundo está lleno de *bullshit jobs* (trabajos de mierda) que carecen de sentido.

Es un hecho que celebramos reuniones innecesarias, elaboramos documentación insustancial para presentaciones, recopilamos artículos publicitarios corporativos de Facebook que nadie lee o retocamos imágenes con Photoshop.

Lo que resulta contradictorio es que las altas remuneraciones de estos trabajos, a pesar de que no generan ningún valor de uso, están atrayendo a la gente a estos sectores. Por el contrario, los trabajos indispensables para la reproducción social, que son las actividades esenciales (generadoras de un alto valor de uso) están mal remunerados y sufren una permanente escasez de mano de obra.

Por eso, debemos avanzar hacia una sociedad que dé importancia al valor de uso. Es decir, a una en que las actividades esenciales estén justamente valoradas.

Esto es también deseable para el medio ambiente. El trabajo de cuidado y asistencia no solo es socialmente útil y provechoso, sino que es bajo en emisiones de carbono y consume pocos recursos. Si se dejara de perseguir el crecimiento económico a cualquier precio, se abriría el camino para que se valorasen correctamente los trabajos de cuidado y asistencia, intensivos en mano de obra, alejándonos de una industria de fabricación centrada en los hombres. Esta debería ser la naturaleza del trabajo, acorde también con un tiempo en que se irá reduciendo la tasa de retorno energético.

Recapitulando: aquí también existe una oportunidad de desaceleración. Porque elevar la productividad del trabajo de cuidado y asistencia no se podrá hacer sin perjudicar su calidad.

La revuelta de los cuidadores

La atención que el comunismo decrecentista presta a los trabajos de cuidado y asistencia no solo se basa en su buena sintonía con el medio ambiente. También es porque ahora, en todo el mundo, los trabajadores del sector asistencial se están empezando a levantar contra la lógica del capitalismo. Es la «revuelta de la clase cuidadora» (*revolt of the caring classes*) de la que habla Graeber.[19]

En la actualidad, a los trabajadores dedicados a actividades esenciales se les remunera poco y se les hace trabajar mucho con la excusa de que realizan trabajos útiles y gratificantes. Una explotación de la gratificación en toda regla. Encima, están sometidos a los abusos de los gestores, en realidad inútiles, que no hacen más que parasitar el trabajo de los cuidadores con la imposición de controles y normas innecesarios que complican la prestación del servicio.

Sin embargo, por fin, los trabajadores de actividades esenciales están empezando a oponer resistencia. Ya no están dispuestos a soportar más abusos ni peores condiciones laborales. Y, por encima de todo, están hartos de que la calidad de los servicios que prestan siga empeorando por culpa de la reducción de costes.

Como consecuencia, en Japón también empiezan a llamar la atención los casos de renuncia voluntaria y conjunta de todos los cuidadores de una misma escuela infantil, reclamaciones en centros médicos, paro docente o huelga de cuidadores. También están aumentando las interrupciones de los horarios de apertura de los supermercados 24 horas, los paros en las áreas de servicio de las autopistas, etcétera. Todas estas acciones se están difundiendo a través de las redes sociales y van ganando apoyo popular.[20]

Es una tendencia mundial. ¿Se podrá encauzar esta corriente solidaria en una marea más amplia y radical? ¿Sabremos solidarizarnos con ellos cuando llegue el momento? ¿O seguiremos despreciando el valor de uso y nos mantendremos aferrados a la *bullshit economy* (economía de mierda), que aplaude y premia los trabajos más estúpidos?

Esta sí que es la bifurcación entre el refuerzo de la solidaridad o el agravamiento de la división. Si las cosas saliesen bien, la conformación de comunidades democráticas basadas en la ayuda mutua sería una posibilidad real e iniciaríamos la andadura hacia una nueva sociedad.

Un ejemplo de gestión autónoma

Lo interesante en este asunto es la posibilidad de que la revuelta de la clase cuidadora no se quede en una acción de protesta temporal, sino que se transforme en un movimiento que promueva la gestión autónoma del trabajo.

Esta posibilidad surgió cuando, de repente, en 2019, una guardería del barrio especial de Setagaya, en Tokio, Japón, se declaró en quiebra y cerró.

En los últimos años, la gestión irresponsable de las guarderías va camino de convertirse en una lacra social en nuestro país. Las empresas gestoras, que solo buscan ganar dinero, cierran los centros sin más miramientos en cuanto empeora su situación financiera.

Por supuesto, para los niños y sus padres, estos cierres repentinos suponen un contratiempo mayúsculo. Ante esta situación, en la guardería que nos ocupa, los cuidadores optaron por gestionarla de forma autónoma con la ayuda de los sindicatos de cuidadores y asistentes.

Entonces todo el decorado se vino abajo. Es posible que, en condiciones normales, los gestores ávidos de ganancias y los directores de las guarderías contratados por ellos se mostrasen y actuasen con prepotencia. Pero, de pronto, quedó claro que no pintaban nada en la gestión de una guardería; es decir, se evidenció que sus trabajos eran *bullshit jobs*, carentes de sentido. Quienes gestionaban la guardería en la práctica eran los propios cuidadores. Por eso, en ausencia de gestores, la guardería pudo seguir funcionando sin problemas y continuar con su actividad.

Por supuesto, en una guardería cuya gestión financiera fuera mala, asegurar costes de personal y construir una relación de confianza con los padres de los niños no es tarea fácil. Sin embargo, este intento de gestión autónoma demostró que los trabajadores pueden detener y rechazar la explotación de la gratificación por los gestores.

Esta fue, claramente, una revuelta activa para la recuperación de la gestión del proceso productivo por los propios trabajadores con el fin de mantener la calidad del servicio. Además, constituye un ejemplo de cómo la solidaridad entre trabajadores (cuidadores) y consumidores (padres) posibilita una gestión autónoma, de tipo cooperativa, más estable.

El comunismo decrecentista repara las fracturas en el metabolismo

Antes de finalizar este capítulo, volveré a resumir las ideas clave del comunismo decrecentista, el punto culminante de las reflexiones del último Marx.

Lo que proponía Marx en sus últimos años era reformular la producción para que estuviera gobernada por el valor de uso, reducir toda aquella que solo procurase valor de cambio inútil, acortar las horas de trabajo y detener la división del trabajo que arrebata la creatividad a los trabajadores. Y, en paralelo, avanzar en la democratización del proceso productivo. Los trabajadores son quienes deben decidir democráticamente acerca de las cuestiones relativas a la producción. No importa que la toma de decisiones se ralentice. Asimismo, se deben revalorizar socialmente las actividades esenciales, útiles para la sociedad y de baja carga ambiental.

Todo lo anterior frenará la marcha de la economía. La desaceleración del ritmo de crecimiento económico resultará difícil de asumir para una sociedad competitiva, inmersa en la lógica del capitalismo.

Sin embargo, con el capitalismo, que persigue sin cuartel la maximización de los beneficios y el crecimiento económico infinito, no se puede proteger el medio ambiente terrestre. El capitalismo hace del hombre y de la naturaleza objetos de saqueo y solo sirve para empobrecer a un gran número de personas mediante la generación de escasez artificial.

Pero el comunismo decrecentista, que implicará una economía y una sociedad más sosegadas, ensanchará el margen para atender los problemas ambientales sin detrimento de la satisfacción de los deseos humanos. La democratización y la desaceleración de la producción irá reparando el desgarramiento en el metabolismo entre el hombre y la naturaleza.

Por supuesto, todo esto deberá concretarse en programas comprensivos que incluyan el tratamiento de la electricidad o el agua como bienes públicos, la ampliación de la propiedad social, la revalorización de las actividades esenciales, la reforma de los terrenos agrícolas, etcétera.

En tal caso, el auge de las cooperativas de trabajo o la revuelta de la clase cuidadora podrían parecer anécdotas insignificantes para armar una verdadera resistencia contra el capitalismo. Quizá. Pero en el mundo están surgiendo muchos focos de resistencia. Se están extendiendo y van a más.

Sobre todo en las ciudades, castigadas y extenuadas por el capitalismo global, el sufrimiento de la gente está alentando búsquedas que están derivando en demandas de una nueva economía. Estos movimientos están alcanzando un impulso tal que en muchas ciudades del mundo, e incluso a nivel estatal, están condicionando la política.

No es que todos estos movimientos de resistencia defiendan necesariamente el decrecimiento o busquen la implantación del comunismo, pero están cobrando fuerza los movimientos que contienen en su seno el germen del comunismo decrecentista. La razón es que en una era de crisis climática como el Antropoceno, los movimientos que, oponiéndose a los manejos del capitalismo, traten de construir una nueva sociedad completamente diferente a la existente se dirigen necesariamente al mismo destino.

El buen vivir

Esta posibilidad se manifiesta también en la popularización del concepto «buen vivir». Esta expresión significa «vivir bien»; pero se trata, originariamente, de la traducción al español de una expresión de los indígenas ecuatorianos. Durante la reforma constitucional ecuatoriana de 2008, se incluyó esta expresión en la Constitución del Ecuador y quedó reflejado con claridad el deber del Estado de garantizar el «buen vivir» de los ecuatorianos.

Esta expresión se popularizó rápidamente por toda Latinoamérica y ahora la emplea incluso la izquierda norteamericana. Su adopción expresa una revisión de valores que no solo persigue el auge de la economía al modo occidental, sino un cambio de actitud hacia los saberes de los nativos.

La Felicidad Nacional Bruta (FNB) de Bután es un ejemplo conocido que va en la misma línea.

Asimismo, el movimiento contra la construcción del oleoducto en Standing Rock, en Estados Unidos, los indios nativos y los blancos colaboraron para proteger las aguas sagradas organizando grandes movilizaciones de protesta. La periodista Naomi Klein, implicada en este movimiento, se manifiesta con contundencia a favor de la superación del capitalismo.

Una de las declaraciones que esta periodista hizo en el contexto de las movilizaciones de protesta merece atención: «Debemos desarrollar una actitud humilde de quien está dispuesto a aprender de los saberes de los nativos acerca de los deberes para con nuestras generaciones futuras y la relación entre los seres vivos».[21] Ella también está aceptando la postura decrecentista.

Ahora, la crisis climática está alentando nuevos movimientos que se alejan del eurocentrismo y adoptan una actitud mucho más abierta al Sur global, del que entiende que hay mucho que aprender. Exacto: como deseaba el último Marx.

Este germen del comunismo, que se irá volviendo cada vez más ambicioso con el agravamiento de la crisis climática, podría florecer como la revolución climática del siglo XXI.

En el último capítulo quiero hablarte de este germen.

Capítulo 8

La «palanca» de la justicia climática

Puesta en práctica del comunismo decrecentista con la «lente» de Marx

La semilla del comunismo decrecentista está germinando en todo el mundo. En la última parte de este libro me gustaría presentar algunos intentos de puesta en práctica, en distintas ciudades del mundo, de propuestas innovadoras y afines al comunismo decrecentista vistas a través de la lente de Marx. Al observar estos intentos a través de la nueva lente desenterrada en este libro, empiezan a hacerse patentes, por sí mismos, los perfiles de estos movimientos e intentos de puesta en funcionamiento que se deben reforzar y desarrollar. Gracias al último Marx, el mundo parece otro. Este es el auténtico papel que tiene que desempeñar una teoría.

Sin embargo, los teóricos aprenden también de los sufrimientos *in situ* y los intentos de resistencia. En el contexto del abandono de la visión de la historia como progreso y la aceptación del decrecimiento por Marx, existía una mirada hacia el Sur global. Este cambio serio de perspectiva alteró profundamente su escala de valores. Si Marx hubiera seguido aferrado al eurocentrismo, nunca hubiera podido alcanzar la visión de su última etapa.

Esta postura humilde ante el Sur global —de querer aprender del Sur global— está cobrando cada vez más importancia en el siglo XXI. Entre otras cosas porque, como se vio en el capítulo 1, la crisis climática que provoca el capitalismo —transferencias y externalizaciones mediante— está exacerbando sus contradicciones en el Sur global.

No se trata de volver a la naturaleza, sino de recuperar la racionalidad

Volviendo a insistir para evitar malentendidos, quiero recalcar que la propuesta del último Marx no es un alegato a favor del abandono de la vida urbana y de las tecnologías para retornar a sociedades comunales agrícolas. Esto es, por otro lado, inviable a estas alturas. Asimismo, no hay ninguna necesidad de idealizar aquella vida porque tampoco estaba exenta de problemas. Además, hay muchos aspectos positivos en la vida urbana y en el desarrollo tecnológico. Carece de sentido, por lo tanto, negar por entero la racionalidad de los aspectos positivos del mundo moderno.

Dicho esto, es indiscutible que la vida actual en las ciudades presenta muchos problemas que requieren soluciones. Una vida sin la ayuda mutua comunitaria y basada en el despilfarro de energía y recursos es, sencillamente, insostenible. Se podría decir que estamos padeciendo los excesos de la urbanización.

Ahora, el 70 % de las emisiones totales de CO_2 proceden de las ciudades. Por eso, para afrontar la crisis climática y recuperar la ayuda mutua, es indispensable transformar la vida urbana. Aunque abandonemos las ciudades y nos recluyamos en lo recóndito del monte, al final, si el mundo entero fuera devorado por el gran diluvio, nada tendría sentido.

Por lo tanto, lo que se necesita ahora es repensar las ciudades producto del capitalismo y concebir una nueva racionalidad urbana.

Por suerte, están empezando a surgir movimientos de reforma urbana racionales y ecológicos en gobiernos locales. Entre ellos, los Gobiernos municipales de distintos países que luchan junto a la ciudad de Barcelona, cuna del movimiento municipalista Fearless Cities (ciudades sin miedo), están llamando la atención de todo el mundo.

En el último capítulo me gustaría analizar y valorar este intento originado en Barcelona desde la perspectiva del último Marx. De este análisis emergerá, por primera vez, su sentido revolucionario.

La declaración de la emergencia climática de Barcelona, la ciudad sin miedo

Las Fearless Cities son Gobiernos municipales innovadores que se rebelan contra las políticas de tendencia neoliberal que imponen los Estados. Sin miedo frente a los Estados y las grandes multinacionales, estas ciudades buscan situar al ciudadano en el centro de sus actuaciones.

Ámsterdam o París, que han restringido los días en los que puede operar Airbnb, o Grenoble, que ha eliminado de los comedores escolares los productos de las compañías multinacionales, están entre las muchas ciudades y partidos políticos que participan en la red de las Fearless Cities. Un movimiento estrictamente local no tiene nada que hacer frente al capitalismo global. Por eso, distintas ciudades y ciudadanos de todo el mundo están colaborando y compartiendo ideas para crear una nueva sociedad.

Entre ellas destaca el ambicioso proyecto de la primera ciudad que enarboló la bandera de las Fearless Cities: Barcelona. Su proyecto innovador se hace patente también en la Declaración de Emergencia Climática que la ciudad presentó en enero de 2020.

Esta declaración no es un simple llamamiento superficial para detener el cambio climático. Tiene un objetivo claramente definido de descarbonización completa antes del 2050 (cero emisiones de CO_2) y es un manifiesto de varias decenas de páginas con análisis y planes de acción concretos. Es de verdad sorprendente la capacidad de planificación política de esta ciudad, que aun siendo una gran urbe, no es ni siquiera la capital del país. Además, la declaración no es obra de funcionarios del Gobierno autonómico ni una propuesta de ningún *think tank*. Es una propuesta íntegramente ciudadana.

El plan de actuación consta de más de doscientas cuarenta acciones integradoras y concretas: incremento del verde en los espacios públicos urbanos; producción y consumo local de electricidad y alimentos; ampliación y mejora del transporte público; limitación de la circulación de vehículos motorizados, aviones o barcos; alivio de la pobreza energética; reducción y reciclaje de basuras; etcétera. Se trata de un plan de reforma integral.

Entre sus propuestas existen muchas que son irrealizables sin una confrontación directa con las compañías multinacionales, como la eliminación de vuelos de corta distancia, la limitación de velocidad de los vehículos motorizados en las calles de la ciudad a 30 km/h, etcétera, lo que demuestra la postura combativa de las Fearless Cities. Salta a la vista la voluntad manifiesta de proteger la vida de los ciudadanos y su medio ambiente en lugar de preferir el crecimiento económico. Se observa aquí la transición del valor de cambio al valor de uso, un concepto esencial de la sociedad decrecentista del último Marx.

En efecto, en el apartado «Cambio de modelo económico» de la Declaración se evidencia su orientación decrecentista:

> El modelo económico actual se basa en una competición sin fin para el crecimiento constante y la obtención de beneficios, y el consumo de los recursos naturales seguirá aumentando. De esta forma, este sistema económico, que pone en riesgo el equilibrio ecológico terrestre, también aumenta dramáticamente las desigualdades económicas. Es incuestionable que la crisis ambiental global y, sobre todo, que la práctica totalidad de las causas de la crisis climática tienen su origen en el consumo excesivo de los países ricos y, en especial, de los más pudientes.[1]

Identifica la competición sin descanso por la obtención de beneficios y el excesivo consumo capitalista como las causas del cambio climático y los critica con severidad. Una propuesta tan radical surgió de la ciudadanía, ha ganado apoyos y se está convirtiendo en el motor de la política municipal. En el desarrollo de esta serie de acontecimientos hay una esperanza futura.

Una plataforma municipalista originada
en movimientos sociales

Huelga decir que la declaración de Barcelona no surgió de la noche a la mañana. Hasta llegar aquí, fueron necesarios 10 años de trabajo perseverante de proyectos ciudadanos.

Como es de sobra conocido, España es uno de los países que más fuertemente padeció la crisis económica que golpeó la Unión Europea tras la quiebra de Lehman Brothers. El nivel de desempleo alcanzó el 25 %, la pobreza se extendió y por culpa de las medidas de austeridad impuestas por la Unión Europea, el país se vio obligado a reducir la atención de la seguridad social y otros servicios públicos.

Por si esta situación no fuera suficientemente dramática, en Barcelona el desarrollo excesivo de la industria turística —el sobreturismo— empeoró la vida de los ciudadanos de a pie. Los dueños de pisos comenzaron a decantarse en masa por el alquiler turístico, a modo de hoteles particulares, en vez de por el alquiler residencial para los ciudadanos. El precio de los alquileres se disparó y muchos habitantes perdieron la vivienda. La vida se encareció en general. En Barcelona se hicieron palmarias las contradicciones de la globalización neoliberal.

Corría el año 2011 cuando los jóvenes, hartos del grave empeoramiento de su vida, se erigieron en los adalides de un movimiento de protesta y de ocupación de plazas llamado 15M. Aunque este movimiento continuó mutando en distintas modalidades, uno de sus logros es la conformación de una plataforma ciudadana municipalista llamada Barcelona en Comú.

En las elecciones municipales de 2015 lograron un gran avance a pesar de su reciente constitución como partido político, y su figura central, Ada Colau, se convirtió en la alcaldesa de Barcelona. Colau era una activista social que había sido miembro de movimientos contra la pobreza y especialmente activa en movimientos por el derecho a la vivienda.

Esta alcaldesa, que no ha perdido el contacto con los movimientos que integró en su día, instauró un sistema para hacer llegar las voces de los ciudadanos —de las organizaciones de base— al Gobierno municipal. Las propuestas y pareceres de grupos de ciudadanos, incluso los de tipo asociaciones de vecinos, y de personas que trabajan en los sectores del agua o de la energía —es decir, en los ámbitos de lo común— son recogidos con cuidado para que alcancen las instancias del Gobierno. La casa consistorial se ha abierto al público y el ayuntamiento ha comenzado a funcionar como una plataforma que sintetiza la voz ciudadana. Existe aquí una maravillosa comunión entre los movimientos sociales y la política.

Lo mismo sucede con el proceso de redacción de la mencionada declaración, que se elaboró tras las deliberaciones oportunas en la Comisión de Emergencia Climática con la participación de más de trescientos ciudadanos procedentes de unas doscientas organizaciones. En las reuniones de trabajo participaron trabajadores de empresas municipales de energía 100 % renovable, como Barcelona Energía, o de corporaciones de vivienda.

Se trató, por lo tanto, de una redacción conjunta entre expertos, trabajadores y ciudadanos que pertenecen a distintas áreas de producción social. La Declaración es, ya de por sí, un proyecto de participación ciudadana que integra una gran diversidad. De no ser así, nunca hubiera nacido un proyecto de reforma con este grado de concreción. Como afirma Marx, las ideas de la reforma social surgen y van creciendo del plano de la producción.

La solidaridad horizontal que nace de las medidas contra el cambio climático

Por supuesto, en Barcelona se han desarrollado muy distintos movimientos sociales y proyectos relacionados con el agua, la electricidad o la vivienda. Pero fue el problema del cambio climático el que, finalmente, conectó todos estos movimientos, que eran iniciativas aisladas las unas de las otras, como la demanda de gestión pública del agua. El encuadre de las reformas abordadas por esas iniciativas aparentemente aisladas en el marco, o perspectiva, más general y amplio, de las medidas contra el cambio climático significó el nacimiento de una solidaridad horizontal por encima de las particularidades de cada problema.

Por ejemplo, las subidas del precio de la luz golpean de lleno a las familias con menos recursos. Sin embargo, una generación eléctrica con energías renovables, de gestión pública y de producción y consumo locales lograría la activación de la economía local y las ganancias también revertirían en beneficio de la comunidad. Por supuesto, esta forma de generación y gestión energética no solo sería una medida beneficiosa contra el cambio climático, sino, además, una forma de combatir la pobreza. La construcción de viviendas de gestión pública con instalación de paneles solares es, al tiempo que una medida contra el cambio climático, una forma de garantizar el espacio vital de los ciudadanos y de resistirse a la gentrificación que persigue el capital. La activación de la producción y el consumo locales generará nuevos empleos y aliviará el problema del desempleo juvenil.

La conexión que brinda el problema del cambio climático a estas iniciativas está conduciendo a movimientos de todo tipo a reclamar transformaciones profundas del sistema a nivel económico, cultural y social.

En definitiva, lo que están persiguiendo estos movimientos es la sustitución de la escasez artificial generada por el capitalismo por la abundancia radical de lo común.

Una sociedad participativa por medio de las cooperativas

La tradición de las cooperativas de trabajo, o *worker cooperatives*, es uno de los secretos que sostiene los éxitos continuados de los proyectos innovadores en Barcelona, tanto desde el punto de vista político como metodológico, y del amplio apoyo ciudadano de los que gozan. Exacto: las cooperativas de trabajo a las que Marx llamó «comunismo "realizable"».

España es un país con una rica tradición de cooperativas y Barcelona en especial es conocida por ser un destacado enclave de la economía social y solidaria, donde desarrollan su actividad cooperativas de consumidores, asociaciones mutuas, grupos de consumo de agricultura ecológica, entre otros, además de las cooperativas de trabajo. La economía social y solidaria genera 53.000 puestos de trabajo, el 8 % del empleo de la ciudad, y representa el 7 % del producto municipal bruto.[2]

El ámbito de acción de las cooperativas de trabajo es también muy amplio, abarcando la industria de la fabricación, la agricultura, la educación, la limpieza, la vivienda, etcétera. Promoviendo la formación profesional de los jóvenes, la ayuda a los desempleados y otras actividades con participación de los habitantes locales, Barcelona está explorando nuevas vías de creación urbana en las que los ciudadanos tengan la iniciativa e impidan el sobreturismo y la gentrificación.

La conexión entre el autogobierno local y las cooperativas es beneficiosa para ambos. La autogestión local, a través de su preferencia por lo cercano y por lo que es justo en la toma de decisiones de contratación pública, ha aumentado la elección de cooperativas como proveedores de servicios.

Al mismo tiempo, la voz de las cooperativas comienza a tener eco en la política municipal y se revitalizan la política y los movimientos sociales. El énfasis en la autonomía, participación y la ayuda mutua de los trabajadores, en oposición a la búsqueda de beneficios a corto plazo, promueve la democracia participativa más allá del entorno laboral y alcanza la política. Esto se convierte en una dinámica nueva entre la ciudadanía y la política, y mejora el desempeño de ambos.

Este sí que es un verdadero primer paso hacia la transformación de un modelo económico basado en el saqueo y la explotación, a otro modelo de socialismo participativo, sostenible y basado en la ayuda mutua. Esta es la «asociación» de la que hablaba Marx.

Hacia un modelo económico acorde con la justicia climática

Veamos ahora la parte más llamativa de esta ambiciosa declaración de emergencia climática. Barcelona subraya que es necesario reconocer con claridad el impacto de las grandes ciudades de los países desarrollados en el cambio climático. Corregir esta falta de reconocimiento es el primer paso hacia la realización de la justicia climática.

El término justicia climática (*climate justice*) es una expresión muy presente en los medios occidentales. Aunque los que han causado el cambio climático son los ricos de los países desarrollados, quienes padecen sus consecuencias perniciosas son los habitantes del Sur global y las generaciones futuras, que apenas han utilizado combustibles fósiles. Justicia climática es reconocer esta injusticia, tomar conciencia de la necesidad de repararla y detener el cambio climático.

Para reemplazar el sistema económico actual por otro acorde con la justicia climática, la declaración afirma que es necesario atender, sobre todo, las demandas de las mujeres del Sur global, que son las más vulnerables a los impactos de la crisis ecológica. «En efecto, el 80 % de las personas desplazadas por la crisis medioambiental son mujeres, siendo ellas, no obstante, las suministradoras indispensables de cuidados a otras personas. Para hacer frente a la emergencia climática, tenemos que transformar un modelo económico insostenible e injusto».

Sobre esta base, en la declaración de Barcelona se enuncia claramente que las grandes ciudades de los países desarrollados tienen la responsabilidad de conceder más importancia a los servicios de cuidados colaborativos y las relaciones fraternales y de liderar una transición a sociedades que no dejen a nadie atrás. Por supuesto —se afirma— quienes deben asumir los costes de este cambio son los más privilegiados.[3] Esto sí que es la revuelta de la clase cuidadora.

El municipalismo: la autogestión sin fronteras

Lo más importante aquí es que lo que está ocurriendo en Barcelona no se limita a ser un simple movimiento aislado en una ciudad de un país desarrollado, sino que también implica una mirada diferente al Sur global. Este cambio de perspectiva está generando una corriente de solidaridad internacional que desafía la tiranía del capital.

En efecto, la red de las Fearless Cities, que nació en Barcelona, se ha extendido a África, Sudamérica y Asia, y en la actualidad forman parte de ella 77 plataformas municipalistas locales.

La razón de que las Fearless Cities sean capaces de desafiar el capitalismo sin miedo no se debe solo a la ayuda mutua entre los ciudadanos, sino a la colaboración entre las ciudades.

Por ejemplo, a través de esta red, se comparten los *know-how* para volver a hacer públicos algunos servicios, como el negocio de las aguas, que se privatizaron en una época en la que el neoliberalismo parecía tener patente de corso. Las empresas privadas de abastecimiento de agua suelen ser grandes corporaciones globales, las negociaciones con ellas son siempre duras y no es raro que las disputas alcancen los tribunales. Pero los conocimientos prácticos y el saber hacer que se comparten en la red horizontal e internacional de las Fearless Cities resultan de gran ayuda en estos casos.

El espíritu de la red de autogestión municipal innovadora y solidaria sin fronteras se conoce como municipalismo.[4] En claro contraste con el carácter cerrado de la autogestión local tradicional, el municipalismo busca una autogestión local internacionalmente abierto.

Aprender del Sur global

Sin embargo, los proyectos municipalistas no fueron siempre exitosos. De hecho, cuentan que el municipalismo, nacido en Europa, hubo de afrontar las críticas procedentes del Sur global. Las críticas se centraban en que el municipalismo era, al fin y al cabo, un movimiento de blancos de países desarrollados.

En efecto, los proyectos de democracia participativa o de cogestión surgieron en el Sur global. Entre los más famosos se puede citar el movimiento de resistencia zapatista de los indígenas de Chiapas. El movimiento surgió en 1994, con la entrada en vigor del Tratado de Libre Comercio con América del Norte. Un movimiento muy anterior al municipalismo europeo, que declaró un NO rotundo al neoliberalismo y al capitalismo global.

Otro ejemplo de solidaridad internacional de personas que sufren es el movimiento Vía Campesina, casi coetáneo al movimiento de resistencia zapatista. El movimiento, que nació en 1993, un año en que la liberalización del comercio internacional de productos agrícolas ganó impulso, cuenta con una participación mayoritaria de grupos de Centroamérica y Sudamérica. La auténtica voz del Sur global.

Recuperar el control de la agricultura y gestionarla de forma autónoma es una demanda lógica para poder vivir. Estas demandas se conocen como «soberanía alimentaria».

La práctica de una agricultura tradicional, o la agroecología, a las que aspira la Vía Campesina, compuesta en su mayoría por pequeños y medianos agricultores, supone también una carga ambiental muy baja. La década de 1990, en que este movimiento inició su andadura, justo después del fin de la Guerra Fría, fue cuando comenzaron a dispararse las emisiones de CO_2. Mientras tanto, en el Sur global y entre bambalinas, se estaban gestando movimientos de resistencia reformadores como el zapatista o la Vía Campesina.

En una era en la que el capitalismo global ha continuado destruyendo el medio ambiente, el Sur global comenzó a preguntarse si no serían los países desarrollados los que permanecían en el letargo, y si no sería necesaria una actitud que procurara aprender del Sur global valorando en su justa medida el carácter pionero de sus iniciativas.[5] ¿Quiénes han oído hablar en Japón de la Vía Campesina, un movimiento en el que se dice que participan más de doscientos millones de personas dedicadas a la agricultura en todo el mundo?

La impotencia de la nueva Ilustración

Me gustaría recordar que este libro comenzó criticando el modo de vida imperial y el imperialismo ecológico: cómo la vida opulenta y llena de comodidades del mundo desarrollado se basa en el saqueo de las riquezas del Sur global y en la transferencia de las cargas ambientales a este.

Una sociedad de la externalización que endosa al Sur global las cargas ambientales. Los habitantes del mundo desarrollado hemos ignorado las injusticias mientras nos recreábamos en el sueño del capitalismo, con absoluto desinterés por lo que ocurría en el resto del mundo.

Precisamente por eso, si lo que buscamos es una sociedad sostenible y justa, debemos abjurar del modo de vida imperial y del imperialismo ecológico. Pero limitarse a cambiar el patrón de consumo en un país desarrollado no basta para solucionar los problemas. Se necesitan grandes cambios a nivel global.

Frente al saqueo del Sur global, defender la necesidad de la Ilustración, trayendo a colación conceptos con pátina de cosmopolitismo, como «ciudadano global», es claramente deficiente. Ante una realidad inhumana y cruel, los conceptos abstractos suenan huecos y vacíos.

Más bien, es necesario prestar atención a los ejemplos reales de resistencia al saqueo. Vislumbrar en ellos las oportunidades concretas de construir una economía globalmente solidaria es absolutamente clave.

Este era, exactamente, el objetivo del último Marx, quien se dio cuenta de que era en el Sur global, es decir, en la periferia del capitalismo, donde se manifestaba su carácter más despiadado y brutal.

Por eso, el último Marx trató con tesón de hallar las claves para el desarrollo de movimientos anticapitalistas en las comunidades campesinas rusas o en los movimientos anticolonialistas de la India. Como se vio en el capítulo 4, la meta era el comunismo decrecentista.

Del mismo modo, como respuesta a las críticas antes referidas, las autonomías municipalistas, que persiguen la implantación de una sociedad sostenible y justa, también están tratando de aprender activamente de los movimientos de resistencia del Sur global. La justicia climática y la soberanía alimentaria son los elementos nucleares de este propósito.

Recuperar la soberanía alimentaria

Veamos ahora la soberanía alimentaria.

Es un hecho que las personas necesitan comer para vivir y los alimentos, por lo tanto, deberían ser lo común. Sin embargo, la agroindustria, o el agroextractivismo, que se practica en el Sur global, arrebata la cosecha de estos países para exportarla a los desarrollados. Por eso, en muchos países del Sur global, aun siendo eminentemente agrícolas e incluso exportadores netos de productos agrícolas, un gran número de gente pobre pasa hambre.

Esto ocurre porque se da preferencia a la producción de alimentos caros destinados a la exportación para animar las mesas de los países desarrollados y se deja de lado la producción de alimentos baratos que necesitan los agricultores para vivir. Además, la obtención de patentes por las multinacionales, que monopoliza los derechos de uso y la información de las semillas, fertilizantes y pesticidas, constituye una carga adicional a la ya maltrecha economía de los agricultores.

En el Sur global se evidencia con dolorosa claridad la contradicción del capitalismo, que produce para obtener valor de cambio desdeñando el valor de uso.

Por ejemplo, en Sudáfrica, por culpa de la herencia del aberrante sistema del apartheid, derivado del colonialismo británico con predominio de hombres blancos, las grandes explotaciones agrícolas en manos del 20 %, fundamentalmente, de hombres blancos, representan el 80 % de la producción agrícola total de Sudáfrica. A pesar de ser uno de los mayores exportadores agrícolas del continente, la tasa de hambre en Sudáfrica alcanza el 26 %.[6] Los pequeños agricultores no blancos, a quienes bajo el apartheid se les asignaron tierras poco fértiles y con difícil acceso al agua, apenas pueden autoabastecerse. Una situación verdaderamente lamentable en una de las naciones consideradas potencias emergentes —BRICS (Brasil, Rusia, India, China y Sudáfrica)— y en la que incluso se llegó a celebrar la Copa Mundial de Fútbol.

Ante esta situación, los ciudadanos iniciaron en 2015 un movimiento llamado Campaña por la Soberanía Alimentaria y de Sudáfrica (South African Food Sovereignty Campaign).[7] Participan en este movimiento pequeños empresarios agrícolas, agricultores, ONG y abanderados de movimientos sociales. Con el esfuerzo conjunto de todos ellos lograron constituir una plataforma para la promoción de una agricultura cooperativa de base. Cabría considerarla una rebelión frente al fracaso de la agroindustria, de gestión vertical y dirigida por el Estado, en proporcionar a la gente una vida sin estrecheces.

Lo que se propusieron fue solucionar la falta de conocimientos y de recursos financieros para el desarrollo de una agricultura sostenible que padecían muchos agricultores pobres, que fracasaban con facilidad al trabajar en terrenos sin instalaciones de riego en condiciones ni los conocimientos técnicos para la agricultura. Contraían deudas en esa coyuntura, se veían obligados a comprar fertilizantes y abonos químicos, y se convertían así en presa fácil de la agroindustria.

Por eso, en el modelo de la Campaña por la Soberanía Alimentaria y de Sudáfrica, son los agricultores quienes montan sus propias cooperativas. Después, las ONG locales prestan a los agricultores aperos de labranza y otros instrumentos necesarios y los forman acerca de cultivos ecológicos. Es decir, para recuperar los conocimientos y las técnicas que les fueron arrebatados por el capital, se dedican con esmero a la formación profesional, un aspecto en el que Marx hizo hincapié.

De esta forma, se pretende que los agricultores no dependan de cultivos genéticamente modificados o de abonos y fertilizantes químicos, y, en cambio, practiquen una agricultura ecológica sostenible en la que ellos mismos recolectan y gestionan las semillas. Se trata, claramente, de un proyecto destinado a recuperar lo común.

Del Sur global al mundo entero

La Vía Campesina y la Campaña por la Soberanía Alimentaria y de Sudáfrica también reconocen que la recuperación de la soberanía alimentaria es insuficiente para mejorar las cosas. Esto es porque se avecina un problema mayor: el cambio climático, el tema de este libro.

En efecto, la agricultura sudafricana está siendo amenazada por el cambio climático. En Ciudad del Cabo, Sudáfrica, graves situaciones de escasez de agua se están volviendo recurrentes. Se prevé que el riesgo de sequía sea mayor en el futuro. La consiguiente subida de precios de los alimentos golpeará la vida de la gente.

Por eso, el esfuerzo por hacer de la agricultura una práctica sostenible y estable, aunque por supuesto es necesario, no basta por sí sola. Si las condiciones ambientales del planeta hicieran impracticable la agricultura, ningún esfuerzo tendría sentido. Así es como están relacionados los movimientos de soberanía alimentaria con los de la justicia climática. Por eso las acciones de ámbito local se conectan con otros movimientos de todo el mundo.

A continuación, voy a presentar la actividad de protesta contra Sasol (South African Coal Oil and Gas), una compañía sudafricana, como un ejemplo claro de esta dinámica.

Desafiar el modo de producción imperial

Sasol, Ltd. es una compañía con sede en Johannesburgo y dedicada a los negocios de explotación de recursos naturales, como el carbón, el petróleo o el gas natural. El volumen de emisiones de CO_2 de la compañía alcanza los 67 millones de toneladas al año, una cantidad que supera las emisiones de un país como Portugal. Por supuesto, la contaminación atmosférica que causa la compañía es gravísima.

¿Por qué emite tanto CO_2? Una de las razones es que se dedica al refinado de crudo sintético, un sustituto del petróleo. Durante la época del apartheid, Sudáfrica estuvo sometida a un embargo petrolero. Sasol, que en ese momento era una compañía estatal, recurrió al método conocido como «proceso Fischer-Tropsch», promocionado durante la Alemania nazi, para obtener crudo sintético.

Sin embargo, aún en la actualidad, que puede importar libremente petróleo, los negocios que recurren a esta tecnología siguen vigentes y están llamando la atención. Aunque se esté empezando a agotar el petróleo, el carbón es un recurso que aún abunda en todo el mundo. Por eso, la tecnología de Sasol está atrayendo el interés de otras compañías como método de refinado de un sustituto del petróleo. Pero resulta que el volumen de emisión de gases de efecto invernadero, por el uso de combustibles sintéticos derivados del carbón, es casi el doble que el derivado del consumo de combustibles que se obtienen del crudo. Es, por lo tanto, una tecnología de transferencia enormemente perjudicial para la crisis climática.

Por eso, como no podía ser de otro modo, los ecologistas sudafricanos están pidiendo la suspensión de las operaciones de Sasol por su desorbitada carga ambiental. Lo interesante es su forma de actuación. Uno de los líderes del movimiento para la soberanía alimentaria de Sudáfrica, Vishwas Satgar, apeló a la solidaridad internacional para enfrentarse a la compañía y para que el problema dejara de ser un asunto exclusivamente sudafricano. Su eslogan fue «¡No podemos respirar!» (*We Can't Breath!*).

En lo que Satgar y otros se fijaron fue en que Sasol había invertido en la industria petroquímica de Lake Charles, Luisiana, un proyecto que, por supuesto, implicará grandes emisiones de CO_2, también en territorio americano.

Por eso, señaló que la demanda de suspensión de las operaciones de Sasol era un problema compartido al que se enfrentaban también los norteamericanos preocupados por el cambio climático. Después, hizo un llamamiento a otros movimientos sociales como el Sunrise Movement, Fridays for Future o Black Lives Matter para que se solidarizaran con ellos.

En rigor, se diría que este llamamiento no fue un simple clamor por la solidaridad internacional contra la reducción de las emisiones de CO_2. Se trató, más bien, de un mensaje del Sur global dirigido a los países desarrollados para que entonaran un *mea culpa* por su historia imperialista, con ejemplos como el nazismo alemán, el apartheid británico en Sudáfrica o la industria petrolera norteamericana, y abandonen definitivamente la herencia ominosa del capitalismo. Es decir, está clamando por una solidaridad global que desafíe el modo de vida imperial.

Esto es obvio también en el hecho de que el eslogan del movimiento ecologista, «¡No podemos respirar!» (*We Can't Breathe!*), es un plagio del eslogan de Black Lives Matter, «¡No puedo respirar!» (*I Can't Breathe!*), que fueron, asimismo, las últimas palabras de Eric Garner, el ciudadano neoyorquino negro estrangulado y asesinado por un policía.

El movimiento ecologista sudafricano denuncia que la misma clase de violencia se repite a diario en su país. Además, relaciona el imperialismo, cuyo origen se encuentra en el comercio de esclavos, el problema del racismo y el problema del cambio climático, y los engloba en el contexto de la justicia climática.

Derechos humanos, clima, género y capitalismo. Todos los problemas están relacionados.

Esta clase de llamamientos no solo están surgiendo en Sudáfrica. Muchos y muy diversos movimientos están denunciando lo mismo. Quizá nosotros no nos hayamos dado cuenta aún; o quizá sí, pero estamos haciendo oídos sordos. En cualquier caso, a menos que respondamos a este llamamiento, jamás podremos esperar justicia climática alguna.

El último Marx criticaba el dominio colonial de Irlanda por Inglaterra, pero abogaba por la solidaridad de los trabajadores ingleses e irlandeses oprimidos. En el sentido de que mientras los últimos no fueran liberados, los primeros tampoco lo serían, llegó a afirmar que la palanca de la revolución estaba en Irlanda.[8]

De idéntico modo, ahora la palanca de la revolución está en el Sur global. ¿Seremos capaces de solidarizarnos?

La palanca de la justicia climática

Lo cierto es que la Declaración de Emergencia Climática de Barcelona, que vimos al inicio de este capítulo, es una respuesta a este llamamiento del Sur global. Lo interesante aquí es que la respuesta a esta apelación supone el apremio a una transición sustantiva al decrecimiento económico.

Como se señaló antes, la Declaración de Emergencia Climática de Barcelona reconoce abiertamente la injusticia que suponen los grandes perjuicios ocasionados a los habitantes en situación de indefensión de los países en vías de desarrollo a causa del cambio climático derivado de las emisiones de CO_2 de los países avanzados. Sobre esta base, asume la responsabilidad de las grandes ciudades de los países del primer mundo y establece como objetivo la justicia climática para «no dejar a nadie atrás».

Al igual que Marx incorporó en su pensamiento el decrecimiento, tomándolo de las sociedades no occidentales y precapitalistas, Barcelona ha tomado del Sur global la justicia climática como parte de su ideario. Esto es lo que ha terminado alumbrando la innovadora Declaración de Emergencia Climática. Barcelona está utilizando la justicia climática a modo de palanca para la revolución.

¿Por qué es tan importante la justicia climática? Me gustaría recordar lo expuesto en los capítulos 2 y 5. Thomas Friedman, Jeremy Rifkin o Aaron Bastani buscaban la transición hacia una economía sostenible. Pero sus propuestas terminaban reforzando el saqueo de la periferia por su insistencia en anteponer el crecimiento económico.

De lo que sus propuestas adolecen palmariamente es de la mirada al Sur global. O mejor dicho: de la disposición a aprender del Sur global.

Los países desarrollados han sido hasta ahora capaces de compaginar el desarrollo económico y los problemas medioambientales. Quizá parezca que puedan seguir haciéndolo. Pero, como vimos en el capítulo 1, tras la deslumbrante apariencia de éxito de estos países se escondía la transferencia de todo tipo de problemas al Sur global y su permanente invisibilización. Por eso, es imposible que las mismas artimañas para compatibilizar la economía con el medio ambiente funcionen en el Sur global. Ya no quedan lugares para transferir ninguna carga. La crisis climática actual está mostrando sin ambages esta limitación inapelable de la sociedad de la externalización.

Se puede pregonar a los cuatro vientos, como hacen Friedman o Bastani, que el desacoplamiento y un giro antimaterialista del capitalismo lo solucionarán todo sin que tengamos que preocuparnos de la crisis climática. Pero también podemos tomarnos en serio la justicia climática, dirigir nuestra mirada al Sur global y tratar de aprender de lo que se está haciendo allí. De esta forma, podremos empezar a pensar en lo que realmente se necesita para crear una sociedad, no solo sostenible, sino realmente justa.

Barcelona persigue el decrecimiento

Por supuesto, Barcelona también se ha propuesto una reforma ambiciosa de las infraestructuras, como la generación eléctrica fotovoltaica o la introducción de autobuses eléctricos. También necesitará implementar políticas antiausteridad a través de estímulos fiscales. Sin embargo, desde la perspectiva de la justicia climática, estas grandes reformas no deberían basarse en el sacrificio de las personas o de la naturaleza del Sur global. Para no generar víctimas, es necesario poner punto final al crecimiento económico capitalista.

Por eso, en vez de pregonar el crecimiento económico verde, la declaración de Barcelona criticó sin rodeos la competición sin fin para el crecimiento constante y la obtención de beneficios.

Es decir, la diferencia entre el Green New Deal de Friedman y los de su cuerda y la Declaración de Emergencia Climática de Barcelona es, en esencia, la diferencia entre el modelo de crecimiento económico y el modelo de decrecimiento. Al adoptar una actitud de aprendizaje del Sur global, las visiones de futuro de una sociedad sostenible divergen de forma radical.

La vía iniciada por Barcelona es la emprendida por el último Marx. Explorar la posibilidad de una nueva solidaridad internacional mientras se aprende del Sur global. Es así como nace la visión de una sociedad que pone el énfasis en el valor de uso y que renuncia al crecimiento económico del determinismo de las fuerzas productivas.

Los problemas de la izquierda tradicional

Cuando se compara el proceder de la izquierda tradicional con la justicia climática que Barcelona persigue se comprende bien cómo los marxistas tradicionales han estado enredados en la lógica del crecimiento. El socialismo pretendió acabar con la explotación. Pero nunca dejó de aspirar a una sociedad de la abundancia material al modo capitalista, aunque fuera al servicio de la clase proletaria patria.

En una sociedad futura construida sobre esa base no habrá capitalistas, pero la sociedad en sí no será muy diferente a la actual. En efecto, en la URSS, los burócratas que quisieron controlar las industrias estatizadas terminaron concibiendo un engendro que podría muy bien calificarse de «capitalismo de Estado».

Por esa vía, los marxistas no podrán hacer ninguna contrapropuesta verdaderamente radical en plena crisis del Antropoceno. Esta es la razón del declive de los marxistas a pesar del agravamiento evidente de las contradicciones del capitalismo.

Es cierto que el neoliberalismo al que la izquierda se está enfrentando en la actualidad significa una explotación aún mayor de los trabajadores. Entre las medidas neoliberales, las políticas de austeridad han sido especialmente dañinas para la calidad de vida de la ciudadanía, con medidas como los recortes del gasto de la seguridad social, rebajas del salario con extensión de contratos precarios o el desmantelamiento de los servicios públicos mediante la privatización.

No obstante, ¿quiere esto decir que la solución está en demandar al Estado la aplicación de medidas antiausteridad, una mayor inversión pública y una mejor redistribución? Por supuesto, si se lograra superar el estancamiento prolongado y la economía comenzara a recuperarse, la situación mejoraría sensiblemente.

Pero el saqueo de la naturaleza no se detendrá solo con demandar antiausteridad. La economía no es lo único que importa para superar la crisis del Antropoceno.

Por una abundancia radical

Existe otro problema en las ideas de la izquierda tradicional. Los defensores de la antiausteridad consideran que las políticas de austeridad neoliberales están en el origen de la escasez. Si ese razonamiento fuera correcto, el aumento de la producción mediante estímulos fiscales, la acumulación de la riqueza y el crecimiento económico debería posibilitar la abundancia. Sin embargo, este es un razonamiento afín al capitalismo. Es decir, los entresijos de la aparentemente innovadora contrapropuesta de la izquierda es un pensamiento conservador que pretende mantener el *statu quo*.

Este error solo procuraría reformas muy deficientes. Porque no es el neoliberalismo, sino el capitalismo, la causa fundamental de la escasez. Por eso, en la era del cambio climático se necesita más que un cambio de políticas. Lo que se necesita es una transformación del mismísimo sistema social. La abundancia radical que se logra huyendo del capitalismo y haciendo realidad el decrecimiento es la auténtica contrapropuesta del último Marx.

Adiós a las políticas para ganar tiempo

Hemos explorado la posibilidad de una reforma de los centros de producción con la mirada puesta en lo común; hemos criticado la vía de la reforma social que confía en exceso en las reformas políticas, legales e institucionales, como politicismo de arriba abajo; y hemos afirmado que la política no es autónoma de la economía, sino heterónoma (véase p. 181).

Uno de los problemas del politicismo vertical, de arriba abajo, que me gustaría destacar especialmente es la fuerte reducción de las opciones políticas. Como hemos visto, aunque aparentemente el Green New Deal —que aspira al crecimiento económico verde—, las tecnologías de ensueño —como la geoingeniería— o las medidas económicas —como la MMT— demandan un cambio que rompa radicalmente con lo establecido ante la amenaza de la crisis, en el fondo, siguen sosteniendo a la desesperada la causa fundamental de los problemas: el capitalismo. Esta es su contradicción definitiva.

A lo sumo, estas políticas servirán para ganar tiempo. Sin embargo, para el medio ambiente en su estado actual, esta huida hacia adelante será letal. Que la falsa tranquilidad que procuran estas soluciones sustraiga a la gente de una seria reflexión sobre la crisis es su mayor peligro. Los ODS de la ONU merecen ser criticados por la misma razón. Basta ya de soluciones de compromiso. Es imperativa la propiedad social de las grandes compañías petroleras, los grandes bancos o las infraestructuras digitales como GAFA. En definitiva, necesitamos una transición revolucionaria al comunismo.

Sin embargo, carece de sentido reprochar a los políticos su actuación. Aunque adopten medidas contra el cambio climático, los habitantes del Sur global o los niños del futuro no los votarán. Los políticos son seres incapaces de pensar en problemas situados más allá de las próximas elecciones. Además, las donaciones y la presión de los *lobbies* están obstaculizando la toma de decisiones audaces de los políticos. La conclusión es que, para enfrentarnos al cambio climático, es necesario renovar por completo la propia democracia.

Economía, política y medio ambiente: la renovación de la trinidad

La renovación de la democracia es ahora más necesaria que nunca porque para hacer frente al cambio climático es necesario recurrir a la fuerza de los Estados.

En este libro hemos defendido que lo común, es decir, una cogestión horizontal de los medios de producción, diferente de la propiedad privada o estatal, conforma el cimiento del comunismo. Sin embargo, esto no significa rechazar o negar la fuerza de los Estados. Más bien, si se tiene en cuenta la necesidad de desarrollo de infraestructuras o de transformación industrial, es hasta una necedad repudiar el recurso al Estado. El anarquismo, que impugna el Estado, no sirve para tomar medidas contra el cambio climático. Pero una dependencia excesiva de los Estados comporta el riesgo de acabar derivando en maoísmo climático. En definitiva, el comunismo es la única opción.

Para no degenerar en modalidades políticas de funcionamiento jerárquico de arriba abajo, regidas por expertos y políticos, es imprescindible fomentar la participación y la iniciativa ciudadanas institucionalizando un proceso a través del que las opiniones de los ciudadanos sean plasmadas en el Estado.

Para ello, aun teniendo como premisa el poder estatal, es necesario expandir la democracia fuera de los parlamentos mediante la ampliación del ámbito de lo común hasta que alcance la dimensión de la producción. Ejemplos de esto serían las cooperativas, la propiedad social o la ciudadanización (véase capítulo 6).

Al mismo tiempo, la democracia parlamentaria también se deberá renovar significativamente. Como vimos, a nivel local el municipalismo representa uno de esos cambios (véase p. 287); y a nivel nacional, las «asambleas ciudadanas» serían otro modelo (véase p. 181).

Gestión de la producción como lo común, municipalismo y asambleas ciudadanas. Cuando crezca la democracia de participación e iniciativa ciudadanas, se podrá comenzar a debatir de una manera radical acerca del tipo de sociedad en el que queremos vivir. Es decir, se podrá comenzar a debatir de cero —libres de imposiciones, trabas y prejuicios— sobre lo que significa trabajar, vivir, la libertad o la igualdad.

Repensar todo de raíz y cuestionar el sentido común. Es en ese instante cuando se manifiesta lo verdaderamente político, que supera las estructuras establecidas. Este sí que es el auténtico proyecto trinitario de superación del capitalismo, renovación de la democracia y descarbonización de la sociedad. Se trata de buscar la gran transformación del sistema social potenciando las sinergias entre la economía, la política y el medio ambiente.

El salto definitivo a una sociedad sostenible y justa

Las bases de este proyecto son la confianza y la ayuda mutuas. Porque de una sociedad en la que estén ausentes la confianza y la ayuda mutuas, solo surgirán soluciones antidemocráticas de arriba abajo.

Sin embargo, vivimos en una era en la que el neoliberalismo ha socavado la confianza y la ayuda mutuas entre los ciudadanos. Siendo así, solo podemos reconstruir las relaciones de confianza a través de las comunidades y los Gobiernos municipales, donde podamos mirarnos a los ojos los unos a los otros.

Habrá quien se impaciente porque este le parezca un plan demasiado modesto, muy poco audaz. Sin embargo, no hay que olvidar que ahora las comunidades, los Gobiernos municipales y los movimientos sociales, en principio iniciativas de ámbito local, están conectados con otras similares de todo el mundo. Los variopintos movimientos locales están tejiendo redes internacionales para enfrentarse al capitalismo global imperante. «Globalizar la lucha es también globalizar la solidaridad y la esperanza de los pueblos del mundo»[9] es el mensaje de Vía Campesina.

A través de la solidaridad internacional, la experiencia de la lucha contra el capital fortalecerá a la gente e irá cambiando su sistema de valores. La imaginación se liberará de ataduras, la gente pensará en cosas ahora inimaginables y dispondrá de los resortes para pasar a la acción.

La actividad de las comunidades y los movimientos sociales animarán a los políticos a no temer las iniciativas que promuevan grandes cambios. En este sentido, son significativos los ejemplos de la política municipal de Barcelona o las asambleas municipales francesas.

Cuando esto suceda, la interacción entre los movimientos sociales y la política tomará un nuevo impulso. Será en ese momento cuando los movimientos sociales de abajo arriba y la política de partidos de arriba abajo podrán desplegar mutuamente todo su potencial. Y se comenzará a vislumbrar la posibilidad de una democracia completamente diferente del politicismo.

Llegados a este punto, se habrá dejado definitivamente atrás la utopía del crecimiento económico infinito y se dará el salto definitivo a una sociedad sostenible y verdaderamente justa. Se abrirán las puertas que parecían cerradas para siempre.

Por supuesto, el punto de aterrizaje de este gran salto es el comunismo decrecentista basado en la ayuda mutua y la autogestión.

A modo de epílogo: para que no sea el fin de la historia

¿Marx y decrecimiento? ¿Hablas en serio? Comencé a escribir este libro siendo consciente de las críticas que me lloverían de todos lados.

De acuerdo con el sentido común de la izquierda, Marx jamás defendió el decrecimiento. La derecha se burlaría de que estoy volviendo a caer en los errores de la URSS. Y la palabra «decrecimiento» causa aversión entre los liberales.

Aun así, no podía dejar de escribir este libro. La razón es que, al ir analizando la relación entre el cambio climático y el capitalismo, teniendo en cuenta los resultados de las más recientes investigaciones acerca de Marx, tuve el convencimiento de que el comunismo decrecentista fue el punto culminante de las reflexiones del último Marx, y de que este era, precisamente, el mejor camino a seguir para superar la crisis del Antropoceno.

Quien haya leído este libro hasta el final quizá se haya convencido de que la única opción para que la humanidad supere la crisis climática e instaure una sociedad sostenible y justa es el comunismo decrecentista.

Como analicé en detalle en la primera mitad del libro, ni los ODS ni el Green New Deal ni la geoingeniería podrán detener el cambio climático. El keynesianismo medioambiental solo servirá para reforzar el modo de vida imperial y el imperialismo ecológico. La consecuencia es que, al tiempo que contribuye a consolidar aún más las desigualdades, empeora la crisis ambiental global.

Es imposible solucionar los problemas que está causando el capitalismo mientras se mantenga con vida su causa fundamental, que no es otra que el capitalismo. Para allanar el camino hacia la solución, es necesario lanzar un ataque frontal contra el propio sistema capitalista, origen del cambio climático.

Además, el capitalismo, que obtiene beneficios a base de generar escasez, está empobreciendo nuestras vidas. Estoy seguro de que el comunismo decrecentista, que reconstruye lo común, desmantelado por el capitalismo, nos permitirá una vida mucho más humana y rica.

Si aun así se pretendiera mantener con vida el capitalismo, en medio del caos provocado por la crisis climática, la sociedad estará condenada a volver al estado de barbarie. Justo después del fin de la Guerra Fría, Francis Fukuyama declaró el fin de la historia, y los posmodernistas, la extinción de las grandes narrativas. Sin embargo, como los siguientes 30 años se encargaron de demostrar, lo que espera a la cínica subestimación del capitalismo es el fin de la civilización, un fin de la historia totalmente imprevisto. Por eso mismo debemos solidarizarnos para activar el freno de emergencia al capitalismo e implantar el comunismo decrecentista.

*

Dicho esto, deberemos reconocer que estamos totalmente inmersos en el modo de vida capitalista y cómodamente instalados en él. Muchos lectores, aunque estén de acuerdo en líneas generales con las ideas y los hechos que se han expuesto en este libro, se sentirán desnortados ante un problema de dimensiones tan colosales como un cambio completo del sistema.

Por supuesto, enfrentarse al capitalismo y al 1 % de superricos que mandan en él no es tan sencillo como comprar bolsas ecológicas o utilizar cantimploras. Es indiscutible que será una lucha difícil. Y quizá muchos se sientan acobardados ante lo que podrían considerar casi imposible: movilizar al 99 % de la población mundial para remar a favor de un plan con final incierto.

Sin embargo, hay un número que es el «3,5 %». ¿Sabrías decirme a qué se refiere? De acuerdo con las investigaciones de la politóloga de la universidad de Harvard Erica Chenoweth, y colaboradores, la movilización pacífica, pero comprometida, del 3,5 % de la población puede originar grandes cambios sociales.[1]

La Revolución del Poder del Pueblo (1986) de Filipinas, que derrocó la dictadura de Marcos, o la Revolución de las Rosas (2003) de Georgia, que obligó a dimitir al presidente Eduard Shevardnadze, son solo un par de ejemplos de movimientos pacíficos de protesta ciudadana que derivaron en importantes cambios sociales.

El movimiento Occupy Wall Street, de Nueva York, o las sentadas de Barcelona comenzaron siendo movimientos muy minoritarios. La inasistencia a clase de Greta Thunberg fue una iniciativa individual. Los participantes realmente activos en el movimiento Occupy Wall Street, del que nació el eslogan «1 % vs. 99 %», habrán sido unos pocos miles.

Aun así, estos ambiciosos movimientos de protesta causaron un gran impacto social. En sus manifestaciones participan varias decenas o incluso cientos de miles de personas.

Su difusión por las redes sociales alcanza varios millones. Todo esto, finalmente, se traduce en millones de votos. Este sí que es el camino de la reforma.

Hacer que el 3,5 % de la población se interese por los problemas del capitalismo y del cambio climático y se comprometa activamente en su solución empieza a no parecer un proyecto tan descabellado. ¿No te parece? No sería nada extraño que en Japón hubiese muchas personas hartas de las desigualdades del capitalismo y de la destrucción del medio ambiente dispuestas a dar rienda suelta a su imaginación y a luchar juntas para las generaciones futuras y el Sur global. Hay que pasar inmediatamente a la acción, con determinación y coraje, asumiendo incluso parte de los mismos deseos de muchas otras que no pueden participar por diversas razones.

Cooperativas de trabajadores, paros escolares o agricultura ecológica, tanto da. Aspirar a ser parlamentario de un Gobierno local o activista en alguna ONG. ¿Y por qué no comenzar a gestionar una empresa eléctrica municipal? Exigir medidas estrictas contra el cambio climático en la empresa en que se está trabajando también puede ser un gran paso. Para reducir las horas de trabajo o democratizar la producción, solo cabe la opción de hacerlo a través de sindicatos.

Tampoco habría que descuidar las actividades de firma a favor de declaraciones de emergencia climática o de exigencia de una mayor asunción de cargas por parte de las clases pudientes. Vayamos fomentando y fortaleciendo así las redes de ayuda mutua.

Hay muchas cosas que se pueden hacer o se deben hacer sin más dilación. La enormidad del problema del cambio de sistema no debe convertirse en una excusa para justificar la inacción. La participación de cada uno de nosotros es decisiva para alcanzar el 3,5 % referido.

Nuestro desinterés ha facilitado al 1 % más rico y a las élites la imposición de una serie de reglas a imagen y semejanza de su sistema de valores instaurando unos mecanismos de funcionamiento social que favorecen constantemente sus intereses.

Pero ha llegado la hora de decir basta y de plantarnos con un NO rotundo. Abandonemos el cinismo. Vamos a mostrarles de lo que el 99 % es capaz. Para ello es clave la movilización inmediata del 3,5 %. Si este movimiento inicial cogerá impulso, doblegará al capital, renovará la democracia y hará realidad la descarbonización de la sociedad. Estoy convencido.

*

Al principio de este libro expliqué que el Antropoceno es un producto artificial del capitalismo, una era en que las cargas y las contradicciones generadas por el sistema capitalista han cubierto la faz de la Tierra. Sin embargo, en el sentido de que el capitalismo está destruyendo el planeta, quizá fuese más correcto, en vez de Antropoceno, llamarla Capitaloceno.

No obstante, si la solidaridad entre la gente logra levantar un escudo contra la tiranía del capital para defender nuestro único hogar, que es la Tierra, podremos llamar a ese nuevo tiempo, con un matiz positivo, Antropoceno. Este libro es *El capital en la era del Antropoceno*, un análisis a fondo del capital para hallar la luz que ilumine ese futuro.

Por supuesto, todo dependerá de que decidas formar parte de ese 3,5 %.

Notas

Las citas de fragmentos de la bibliografía en japonés y de obras traducidas al japonés pueden contener fragmentos y expresiones modificados por el autor. Los fragmentos entre corchetes y en cursiva *[ ]* en las citas son añadidos del autor.

Para las traducciones de las obras de Marx se han empleado las siguientes abreviaturas para indicar los volúmenes y las páginas:

Obras completas: *Marx · Engels zenshû* [*Obras completas de Marx y Engels*], trad. Hyoe Ouchi, Karoku Hosokawa, Otsuki Shoten. [Hay trad. cast. (parcial): *Obras escogidas*, 3 vols., Moscú, Progreso, 1975].

Colección de manuscritos de El capital: *Shihonron sôkôshû* [*Colección de manuscritos de El capital*], trad. Comité de traducción de manuscritos de *El capital*, Otsuki Shoten. [Cfr. Karl Marx, *Elementos fundamentales para la crítica de la economía política (Grundrisse) 1857-1858*, 3 vols., México, Siglo XXI, 2007, trad. de Pedro Scaron].

El capital: *Shihonron* [*El capital*], trad. Comité de traducción de *El capital*, Shinnihon Shuppansha. [Hay trad. cast.: *El capital*, México, Siglo XXI, 2009 (1.ª ed. en cast.: 1975), 8 vols., Pedro Scaron (ed. y trad.), y *El capital. Libro 1. Capítulo VI* (inédito), Pedro Scaron (trad.), México, Siglo XXI, 2009 (1.ª ed. cast.: 1971)].

Capítulo 1

1. Jason Hickel, «The Nobel Prize for Climate Catastrophe», *Foreign Policy*: <https://foreignpolicy.com/2018/12/06/thenobelprize-for-climate-catastrophe/> (último acceso el 15 de mayo de 2020).

2. William D. Nordhaus, «To Slow or Not to Slow: The Economics of The Greenhouse Effect», *The Economic Journal* 101, n.º 407, 1991, 920-937.

3. Willian Nordhaus, *Kikô casino. Keizaigaku kara mita chikyû ondankamondai no saitekikai*, trad. Kaori Fujisaki, Nikkei BP, 2015, p. 97. [Hay trad. cast.: *El casino climático: Por qué no tomar medidas contra el cambio climático conlleva riesgo y genera incertidumbre*, Barcelona: Deusto, 2019]. Como se desprende de esta discusión, Nordhaus se impuso posteriormente restricciones más severas a los límites tolerables de subidas de temperatura. Aun así, su objetivo es de 2-3 °C, muy lejos de los 1,5-2 °C generalmente aceptados. Incluso afirma que el objetivo de 2 °C «no es muy científico» (p. 252).

4. Nina Chestney, «Climate policies put world on track for 3.3C warming: study» *Reuters*: <https://www.reuters.com/article/usclimate-changeaccord-warming/climate-policies-put-world-ontrack-for-3-3cwarming-study-idUSKBN1OA0Z2> (último acceso el 15 de mayo de 2020).

5. Climate Central, «Surging Seas, Sea Level Analysis», <https://sealevel.climatecentral.org/maps/> (último acceso el 15 de mayo de 2020).

6. Climate Central, «New Report and Maps: Rising Seas Threaten Land Home to Half a Billion»: <https://sealevel.clima-

tecentral.org/news/global-mapping-choices> (último acceso el 30 de junio de 2020).

7. Will Steffen *et al.*, «The trajectory of the Anthropocene: The Great Acceleration», *The Anthropocene Review*, 2, n.º 1, 2015.

8. Ulrich Brand y Markus Wissen, *Imperiale Lebensweise: ZurAusbeutung von Mensch und Natur im Globalen Kapitalismus*, Múnich, Oekom, 2017, pp. 64-65.

9. Para saber más, es recomendable el documental *The True Cost*.

10. Stephan Lessenich, *Neben uns die Sintflut: Wie wir auf Kosten anderer leben*, Múnich, Piper, 2018, p. 166.

11. Kazuo Mizuno, *Shihonshugi no shûen to rekishino kiki* [El fin del capitalismo y la crisis de la historia], Shueisha Shinsho, 2014.

12. Por supuesto, muchos investigadores influenciados por Wallerstein han analizado los problemas del saqueo de la naturaleza. Uno de esos trabajos es el clásico de Stephen G. Bunker, «Modes of Extraction, Unequal Exchange, and the Progressive Underdevelopment of an Extreme Periphery: The Brazilian Amazon, 1600-1980», *American Journal of Sociology*, vol. 89, n.º 5, 1984, pp. 1017-1064. Su enfoque ha sido desarrollado posteriormente como «intercambio ecológicamente desigual» (*ecologically unequal exchange*). Dejaré referidas las siguientes obras: Alf Hornborg, «Towards an ecological theory of unequal exchange: Articulating world system theory and ecological economics», *Ecological Economics*, vol. 25, n.º 1, 1998, pp. 127-136; Andrew K. Jorgenson & James Rice, «Structural Dynamics of International Trade and Material Consumption: A Cross-National Study of the Ecological Footprints of Less-Developed Countries», *Journal of World-Systems Research*, vol. 11, n.º 1, 2005, pp. 57-77.

13. Markus Grabriel, Michael Hardt, Paul Mason, Kohei Saito, *Shihonshugi no owarika, jinruino owairka? Mirai eno daibunki* [*La gran bifurcación en el camino hacia el futuro: ¿el fin del capitalismo o el fin de la humanidad?*], Shueisha Shinsho, 2019, pp. 156-157.

14. Paul Ehrlich, Anne Ehrlich, *Jinkô ga bakuhatsu suru! Kankyo · shigen · keizai no shitenkara* trad. Miho Mizutani, Shinyosha, 1994, p. 36. [Hay trad. cast.: *La explosión demográfica. El principal problema ecológico*, Barcelona, Salvat Ciencia, 1994].

15. La versión en japonés del discurso completo de Greta Thunberg en la COP24 está publicada en <https://www.cnn.co.jp/world/35130247.html> (último acceso el 15 de mayo de 2020).

16. David Wallace-Wells, *Chikyu ni sumenakunaru hi. "Kikôhôkai" no sakerarenai shinjitsu*, trad. de Rumi Fujii, NHK Shuppan, 2020, p. 11 [*The Uninhabitable Earth: Life After Warming*, Tim Duggan Books, 2019].

17. Extracto del discurso de Greta Thunberg en el Parlamento británico el 23 de abril de 2019. <https://www.theguardian.com/environment/2019/apr/23/gretathunberg-fullspeech-to-mps-you-did-not-act-in-time> (último acceso el 15 de mayo de 2020).

18. Kohei Saito, *Daikôzui no mae ni. Marukusu to Wakusei No Busshitsu Taisha*, Horinouchi Shuppan, 2019, capítulo 4. [Hay trad. cast.: *La naturaleza contra el capital. El ecosocialismo de Karl Marx*, Manresa, Bellatera Edicions, 2022].

19. «Researchers dramatically clean up ammonia production and cut costs», <https://phys.org/news/2019-04-ammonia-production.html> (último acceso el 15 de mayo de 2020).

20. Fredrick B. Pike, *The United States and the Andean Republics: Peru, Bolivia, and Ecuador*, Cambridge MA, Harvard University Press, 1977, p. 84.

21. Aunque «imperialismo ecológico» es un término acuñado por Alfred W. Crosby, aquí hago referencia a las reflexiones de Brett Clark and John Bellamy Foster, «Ecological Imperialism and the Global Metabolic Rift: Unequal Exchange and the Guano/Nitrates Trade», *International Journal of Comparative Sociology*, 50, n.º 3-4 (2009): 311-334. En Tatsushi Fujiwara, *Ine no daitoakyêiken. Teikoku Nippon no "Midori no kakumei"* [La Esfera de Coprosperidad de la Gran Asia Oriental del Arroz: la

Revolución Verde del Japón Imperial], Yoshikawa Kobunkan, 2012, también se discuten las diferencias con la idea de Crosby, pero el significado que le atribuyen Clark y Foster se acerca más a la postura de Fujiwara.

22. Sayaka Mori, *Corona ga motarasu jindôkiki* [La crisis humanitaria provocada por el coronavirus], *Sekai*, 2020, junio, pp. 140-141.

23. Bill McKibben, *Deep economy. Isseimei wo hagukumu Keizai e*, trad. de Atsuko Oki, Eiji Press, 2008, p. 30. [*Deep Economy: The Wealth of Communities and the Durable Future*, Griffin, 2008].

24. «Auf der Flucht vor dem Klima?», *FAZ*: <https://www.faz.net/aktuell/wissen/klima/gibt-es-schon-heute-klimafluechtlinge-14081159-p3.html> (último acceso el 15 de mayo de 2020).

25. «The unseen driver behind the migrant caravan: climate change», *The Guardian*: <https://www.theguardian.com/world/2018/oct/30/migrant-caravan-causes-climate-change-centralamerica> (último acceso el 15 de mayo de 2020).

26. Immanuel Wallerstein, Randall Collins, Michael Mann, Georgi Derluguian y Craig Calhoun, *Shihonshugi ni mirai wa aruka*, trad. de Fumitaka Wakamori y Fumiko Wakamori, Yuigaku Shobo, 2019, p. 37. [Hay trad. cast.: *¿Tiene futuro el capitalismo?*, México, Siglo XXI, 2015].

27. Immanuel Wallerstein, *Nyûmon · Sekai system bunseki*, trad. de Norihisa Yamashita, Fujiwara Shoten, 2006, p. 185. [Hay trad. cast.: *Análisis de Sistemas-Mundo. Una introducción*, México, Siglo XXI, 2005].

Capítulo 2

1. Thomas L. Friedman, *Green kakumei zouhokaiteiban (jou · ge)*, trad. de Iwan Fushimi, Nikkei Business Publications, 2010, vol. 2, p. 321. [*Hot, Flat and Crowded: Why we need a green*

revolution and how it can renew America, Nueva York, Farrar, Straus and Giroux, 2008].

2. The New Climate Economy, *Unlocking the Inclusive Growth Story of the 21st Century: Accelerating Climate Action in Urgent Times*, 10: <https://newclimateeconomy.report/2018/wp-content/ uploads/sites/6/2019/04/NCE_2018Report_Full_FINAL.pdf> (último acceso el 15 de mayo de 2020).

3. Johan Rocström, Mattias Klum, *Chiisana chikyû, okina sekai. Planetary boundary to jizokunanô na Kaihatsu*, trad. de Junya Tani y otros, Maruzen Publishing, 2018, p. 79. [*Big World, Small Planet. Abundance within Planetary Boundaries*, Londres, Yale Univ. Pr.].

4. Johan Rockström, «Önsketänkande med grön tillväxt-vi måsteagera», *Svenska Dagbladet*: <https://www.svd.se/onske-tankandemed-gron-tillvaxt--vi-maste-agera/av/johan-rock-strom> (último acceso el 15 de mayo de 2020).

5. Cameron Hepburn y Alex Bowen, «Prosperity with growth: Economic growth, climate change and environmental limits», en Roger Fouquet (ed.), *Handbook on Energy and Climate Change*, Cheltenham, Edward Elgar Publishing, 2013, p. 632.

6. Peter A. Victor, *Managing without Growth: Slower by Design, not Disaster*, Cheltenham, Edward Elgar Publishing, 2019 (segunda edición), p. 15.

7. Tim Jackson, *Prosperity without Growth: Foundations for the Economy of Tomorrow*, Londres, Routledge, 2017 (segunda edición), p. 89. Existe traducción al japonés de la primera edición: Tim Jackson, *Seichô naki hannei*, trad. Kyoko Tazawa, Ittosha, 2012.

8. Nordhaus, *The Climate Casino*, *op. cit.*, p. 31.

9. Tim Jackson, *op. cit.*, pp. 87, 102.

10. *Ibid.*, p. 92.

11. Jeremy Rifkin, *Global Green New Deal. 2028 nen made ni kasekinenryô bunmei wa hôkai, daitan na keizai plan ga chikyujo no seimei wo sukuu*, trad. Sachiko Ikushima, NHK Shuppan, 2020. [Hay trad. cast.: *El Green New Deal global. Por*

qué la civilización de los combustibles fósiles colapsará en torno a 2028 y el audaz plan económico para salvar la vida en la Tierra, Barcelona, Paidós, 2019].

12. «Climate crisis: 11,000 scientists warn of 'untold suffering'», *The Guardian*, <https://www.theguardian.com/environment/2019/nov/05/climate-crisis-11000-scientists-warn-of-untold-suffering> (último acceso el 15 de mayo de 2020).

13. Oxfam Media Briefing, «Extreme Carbon Inequality», diciembre de 2015.

14. Kevin Anderson, «Response to the IPCC 1.5 °C Special Report»: <http://blog.policy.manchester.ac.uk/posts/2018/10/response-tothe-ipcc-1-5c-special-report/> (último acceso el 15 de mayo de 2020).

15. Kate Aronoff *et al.*, *A Planet to Win: Why We Need a Green New Deal*, Londres, Verso, 2019, pp. 148-149.

16. Amnistía Internacional, «*Inochi wo kezutte horu kôseki. Congo minshukyôwakoku ni okeru jinkenshingai to cobaruto no kokusaitorihiki*» [Minería a cambio de la vida: violación de los Derechos Humanos y comercio internacional de cobalto en la República Democrática del Congo]: <https://www.amnesty.or.jp/library/report/pdf/drc_201606.pdf> (último acceso el 15 de mayo de 2020).

17. «Apple and Google named in US lawsuit over Congolese child cobalt mining deaths», *The Guardian*: <https://www.theguardian.com/global-development/2019/dec/16/apple-and-google-namedin-us-lawsuit-over-congolese-child-cobalt-mining-deaths> (último acceso el 15 de mayo de 2020).

18. Thomas O. Wiedmann *et al.*, «The Material Footprint of Nations», *Proceedings of the National Academy of Sciences of the United States of America*, 112, n.º 20 (2015): 6271-6276.

19. Victor, *Managing without Growth*, *op. cit.*, 109.

20. *The Circularity Gap Report 2020*: <https://www.circularity-gap.world/2020> (último acceso el 15 de mayo de 2020).

21. Samuel Alexander y Brendan Gleeson, *Degrowth in the Su-*

burbs: A Radical Urban Imaginary (Nueva York, Palgrave Macmillan, 2019), p. 77. Una de las razones de que no se reduzcan las emisiones de dióxido de carbono es el uso de coches con motores de gasolina en los países en vías de desarrollo, que irá, además, en aumento.

22. Guillaume Pitron, *Rare metal no chiseigaku. Shigen nationalism no yukue*, trad. de Shiori Kodama, Hara Shobo, 2020, p. 43. [Hay trad. cast.: *La guerra de los metales raros: la cara oculta de la transición energética y digital*, Barcelona, Península, 2019].

23. Kevin Anderson y Glen Peters, «The trouble with negative emissions», *Science* 354, issue 6309 (2016), pp. 182-183. Entre las críticas similares disponibles en japonés, ver el capítulo 5 de Vaclav Smil, *Energy no futsugô na jijitsu. Genpatsu, bionenryô, taiyôkô, fûryokuhatsuden, tennengas. Don sentaku ga tadashii noka*, trad. de Masaru Tachiki, X-Knowledge, 2020. [*Energy myths and realities: bringing science to the energy policy debate*, AEI Press, 2010].

24. Tomado del subtítulo del documental «Artifishal», de Patagonia.

25. Vaclav Smil, *Growth: From Microorganisms to Megacities* (Cambridge, MA, The MIT Press, 2019), p. 511. En la entrevista para el periódico *The Guardian*, Smil afirma claramente que «hay que acabar con el crecimiento». <https://www.theguardian.com/ books/2019/sep/21/vaclav-smil-interview-growth-must-end-economists> (último acceso el 15 de mayo de 2020). Invito al lector a comparar las afirmaciones de Smil, basadas en una ingente cantidad de datos, con el optimismo de Rifkin o la «desmaterialización» y el «desacoplamiento» de los que se habla en Tooru Morotomi, *Shihonshugi no atarashii katachi* [La nueva forma de capitalismo], Iwanami Shoten, 2020.

26. Jackson, *Prosperity without Growth*, *op. cit.*, 143.

27. Naomi Klein, *Kore ga subete wo kaeru. Shihonshugi vs. Kikôhendô (jo · ge)*, trad. de Sachiko Ikushima y Masako Arai, Iwanami Shoten, 2017, vol. 1, p. 126. [Hay trad. cast.: *Esto lo cambia todo: el capitalismo contra el clima*, Barcelona, Paidós, 2015].

Capítulo 3

1. Entre las más conocidas se encuentra la de Jason Hickel, *The Divide: A Brief Guide to Global Inequality and its Solutions* (Londres, Windmill Books, 2018). Otra crítica desde la perspectiva ecológica sería la de Herman E. Daly, *Jizokukanô na hatten no keizaigaku*, trad. de Isao Nitta, Misuzushobo, 2005, p. 8. [*Beyond Growth. The economics of sustainable development*, Boston, Beacon Press, 1997].

2. Kate Raworth, *Donut keizaigaku ga sekai wo sukuu. Jinrui to chikyu no tame no paradigm shift*, trad. de Atsushi Kurowa, Kawade Shobô Shinsha, 2018, pp. 55-64. [Hay trad. cast.: *Economía rosquilla: 7 maneras de pensar la economía del siglo XXI*, Barcelona, Paidós, 2018].

3. Daniel W. O'Neill *et al.*, «A good life for all within planetary boundaries», *Nature Sustainability,* 1 (2018), pp. 88-95.

4. Kate Raworth, «A Safe and Just Space for Humanity», *Oxfam Discussion Paper* (2012), 19. Habrá a quienes los 1,25 USD/día estipulado como umbral de pobreza les parezca demasiado bajo. El valor que propuso Raworth es de 2012. Posteriormente, el Banco Mundial reajustó el umbral de pobreza en 1,9 USD/día. Aun así, sus críticos alegan que un umbral inferior a 10 USD/día carece de sentido. Por supuesto, dado que cuanto más se eleve este umbral, más aumenta la carga ambiental adicional, la dificultad para hacer realidad la economía del dónut será, asimismo, cada vez mayor.

5. «Ranking mundial de esperanza de vida · Ranking por sexo y país, WHO, edición 2018», *MEMORVA*: <https://memorva.jp/ranking/unfpa/who_whs_life_expectancy.php> (último acceso el 15 de mayo de 2020).

6. O'Neill *et al.*, «A good life for all within planetary boundaries», *op. cit.*, p. 92.

7. En Joel Wainwright y Geoff Mann, *Climate Leviathan: A Political Theory of Our Planetary Future*, Londres, Verso, 2018, también se habla de 4 futuros posibles.

8. Wolfgang Streeck, *Jikankasegi no shihonshugi. Itsumademo kiki wo sakiokuri dekiruka*, trad. Tadashi Suzuki, Misuzu Shobo, 2016, p. 55-56. [Hay trad. cast.: *Comprando el tiempo. La crisis pospuesta del capitalismo democrático*, Buenos Aires – Madrid, Capital Intelectual – Katz Editores, 2016].

9. Declaraciones de Chizuko Ueno en la sección «La plaza de la reflexión» del periódico *The Chunichi Shimbun*, edición matutina del 11 de febrero de 2017.

10. Frank Newport, «Democrats More Positive About Socialism Than Capitalism», *Gallup*, agosto de 2018, <https://news.gallup.com/poll/240725/democrats-positive-socialism-capitalism.aspx> (último acceso 15 de mayo de 2020).

11. De hecho, Elisabeth Warren se presentó a las elecciones con un programa centrista de Green New Deal y fracasó. Su propuesta tibia no encontró el apoyo de la *Generation Left* (generación izquierda). Sobre la generación izquierda, ver Keir Milburn, *Generation Left*, Cambridge, Polity, 2019.

12. Giacomo D'Alisa *et al.* (ed.), *Degrowth: A Vocabulary for a New Era*, Londres, Routledge, 2015, es un compendio útil acerca de las nuevas generaciones.

13. Serge Latouche, *Keizaiseichô naki shakaihatten wa kanô ka? "Datsuseichô" to "post kaihatsu" no keizaigaku* [¿Es posible el desarrollo social sin crecimiento económico? La economía del decrecimiento y el posdesarrollo], trad. de Yoshihiro Nakano, Sakuhinsha, 2010, p. 246.

14. Yoshinori Hirai, *Teijôgatashakai. Atarashii "yutakasa" no kôsô* [La sociedad estacionaria: idear una nueva «riqueza»], Iwanami Shinsho, 2001, pp. 162-163.

15. Keishi Saeki, *Keizaiseichôshugi e no ketsubetsu* [El adiós al crecimiento económico], Sihnchosha, 2017, pp. 79-32.

16. Joseph. E. Stiglitz, *Progressive Capitalism*, trad. de Yoshiaki Yamada, Tôyô Keizai, 2020. [Hay. trad. cast.: *Capitalismo progresista. La respuesta a la era del malestar*, Barcelona, Taurus, 2020].

17. Slavoj Žižek, *Zetsubô suru yûki. Global shihonshugi · Genrishugi · Populism*, trad. de Tooru Nakayama, Hideaki Suzuki, Seidosha, 2018, pp. 68-70. [Hay trad. cast.: *El coraje de la desesperanza. Crónicas del año en que actuamos peligrosamente*, Barcelona, Anagrama, 2018].

18. Se afirma algo similar en Hiroi Yoshinori, *Post shihonshugi. Kagaku · Ningen · Shakai no mirai* [Poscapitalismo: el futuro de la ciencia, el hombre y la sociedad], Iwanami Shinsho, 2015, p. 5 y, más recientemente, en Koetsu Aizawa, *Teijôgatashakai no keizaigaku. Seichô · Kakudai no jubaku kara no dakkyaku* [La economía de la sociedad estacionaria: la liberación del hechizo del crecimiento y la expansión], Minerva Shobo, 2020.

19. Raworth, *Economía rosquilla, op. cit.*, p. 69.

20. Mizuno, *El fin del capitalismo y la crisis de la historia, op. cit.*, p. 180.

Capítulo 4

1. Michael Hardt y Antonio Negri, *"Teikoku". Globalka no sekaichitsujo to multitud no kanôsei*, trad. de Kazunori Mizuno, *et al.*, Ibunsha, 2003, p. 389. [Hay trad. cast.: *Imperio*, Buenos Aires, Paidós, 2002].

2. Hirofumi Uzawa, *Shakaitekikyôtsûshihon* [Capital común social], Iwanami Shinsho, 2000, p. 5.

3. Karl Marx, *Das Kapital*, I, en *Marx-Engels-Werke*, 23, Berlín, Dietz, 1972, p. 791. [Trad. extraída de: Karl Marx, *El capital*, México, Siglo XXI, 2009, Pedro Scaron (trad. y ed.), tomo I, vol. 3, cap. XXIV, 7, p. 954].

4. Žižek, *El coraje de la desesperanza, op. cit.*, p. 23.

5. David Gracber, *Kanryôsei no utopía. Technology, kôzôteki orokasa, liberalism no tessoku*, trad. de Takashi Sakai, Ibunsha, 2017, pp. 217-218. [Hay. trad. cast.: *La utopía de las normas. De*

la tecnología, la estupidez y los secretos placeres de la burocracia, Barcelona, Ariel, 2015].

6. Karl Marx y Friedrich Engels, *Kyosantô sengen*, trad. de Seiya Morita, Kôbunsha Koten-shinyaku-bunko, 2020, pp. 62-63. [Trad. extraída de: Karl Marx, *Antología, Manifiesto del Partido Comunista* (con Friedrich Engels), Madrid, Gredos, 2011, trad. de Jacobo Muñoz Veiga, p. 586].

7. *El capital*, vol. 1, p. 304. [Trad. extraída de: Karl Marx, *El capital*, México, Siglo XXI, 2009, Pedro Scaron (trad. y ed.), tomo I, vol. 1, cap. I, 2, p. 53].

8. Karl Marx, *Marx-Engels-Gesamtausgabe*, II. Abteilung Band 4.2 (Berlín, Dietz Verlag, 1993), pp. 752-753. *El capital*, vol. 3, p. 1421. [Trad. extraída de: Karl Marx, *El capital*, México, Siglo XXI, 2009, Pedro Scaron (trad. y ed.), tomo III, vol. 8, cap. XLVII, V, p. 1034]. Dado que este fragmento difiere entre el original de Marx y la versión publicada, se hace referencia al original, modificando la traducción.

9. *El capital*, vol. 1, p. 868. [Trad. extraída de: Karl Marx, *El capital*, México, Siglo XXI, 2009, Pedro Scaron (trad. y ed.), tomo I, vol. 2, cap. XIII, 10, p. 612].

10. Saito, *Daikôzui no mae ni, op. cit.*, capítulo 5. [Hay trad. cast.: *La naturaleza contra el capital. El ecosocialismo de Karl Marx*, Manresa, Bellatera Edicions, 2022].

11. *Obras completas*, vol. 23, p. 45. [*Cfr.* Karl Marx, «Carta a Engels del 25 de marzo de 1868», en Friedrich Engels, *Obras filosóficas*, trad. de Wenceslao Roces, tomo 18 de Karl Marx y Friedrich Engels, *Obras fundamentales*, México, D. F., Fondo de Cultura Económica, 1986, pp. 681-682].

12. Por ejemplo, Suniti Kumar Ghosh, "Marx on India", *Monthly Review*, 35, n.º 8 (1984): 39-53.

13. *El capital*, vol. 1, p. 10, cursiva añadida. [Trad. extraída de: Karl Marx, *El capital*, México, Siglo XXI, 2009, Pedro Scaron (trad. y ed.), tomo I, vol. 1, prólogo, p. 7].

14. Edward W. Said, *Orientalism (jo·ge)*, trad. de Noriko Ima-

zawa, Heibonsha Library, 1993, vol. 1, pp. 351-353, cursiva añadida. [Hay trad. cast.: *Orientalismo*, Barcelona, DeBolsillo, 2003].

15. *Obras completas*, vol. 9, p. 127. [*Cfr*. «La dominación británica en la India», *Obras escogidas*, 3 vols., Moscú, Progreso, I, p. 511].

16. *Obras completas*, vol. 9, p. 213. [*Cfr*. «Futuros resultados de la dominación británica en la India», *Obras escogidas*, 3 vols., Moscú, Progreso, tomo I, p. 506].

17. *Colección de manuscritos de* El capital, pp. 160-161. Estas declaraciones se podrían entender como afirmaciones condescendientes con el totalitarismo.

18. *Obras completas*, vol. 19, p. 392. [*Cfr*. «Proyecto de respuesta a la carta de V. I. Zasúlich», *Obras escogidas*, 3 vols., Moscú, Progreso, tomo III, p. 166].

19. *Obras completas*, vol. 4, p. 593. [Trad. extraída de: Karl Marx, *Antología, Manifiesto del Partido Comunista* (con Friedrich Engels), Madrid, Gredos, 2011, trad. de Jacobo Muñoz Veiga, p. 630].

20. Kevin B. Anderson, *Shûhen no Marx. Nationalism, ethnicity oyobi hiseiyôshakai ni tsuite*, trad. de Tairako Tomonana, Shakaihyôronsha, 2015, p. 349. [Marx at the Margins: On Nationalism, Ethnicity, and Non-Western Societies, University of Chicago Press, 2016]

21. Por ejemplo, Haruki Wada, *Marx · Engels to karkumei Russia* [Marx, Engels y la Rusia revolucionaria], Kesisho Shobo, 1975. Para los países de habla inglesa está Teodor Shanin (ed.), *Late Marx and the Russian Road: Marx and 'the peripheries of capitalism*, Nueva York, Monthly Review Press, 1983.

22. Georg Ludwig von Maurer, *Geschichte der Dorfverfassung in Deutschland*, Erlangen, Ferdinand Enke, 1865, p. 313.

23. *Obras completas*, vol. 32, p. 43.

24. *Obras completas*, vol. 32, p. 44.

25. *El capital*, vol. 3, p. 1454. [Trad. extraída de: Karl Marx, *El capital*, México, Siglo XXI, 2009, Pedro Scaron (trad. y ed.), tomo III, vol. 8, cap. XLVIII, III, p. 1057].

26. *Obras completas*, vol. 19, p. 389. [*Cfr.* «Proyecto de respuesta a la carta de V. I. Zasúlich», *Obras escogidas*, 3 vols., Moscú, Progreso, tomo III, p. 164].

27. *Obras completas*, vol. 19, p. 238. [*Cfr.* «Proyecto de respuesta a la carta de V. I. Zasúlich», *Obras escogidas*, 3 vols., Moscú, Progreso, tomo III, p. 162].

28. MEGA 1/25. S. 220. *Obras completas*, vol. 19, p. 393. [*Cfr.* «Proyecto de respuesta a la carta de V. I. Zasúlich», *Obras escogidas*, 3 vols., Moscú, Progreso, tomo III, p. 163].

29. *Obras completas*, vol. 19, p. 21. [Trad. extraída de: Karl Marx, *Antología, Crítica del programa de Gotha*, Madrid, Gredos, 2011, trad. de Gustau Muñoz, p. 662].

30. Por ejemplo, G. A. Cohen, *Self-Ownership, Freedom, and Equality*, Cambridge, Cambridge University Press, 1995, p. 10.

31. *El capital*, vol. 3, p. 1420, cursiva añadida. [Trad. extraída de: Karl Marx, *El capital*, México, Siglo XXI, 2009, Pedro Scaron (trad. y ed.), tomo III, vol. 8, cap. XLVII, V, p. 1033].

32. *Obras completas*, vol. 19, p. 393. [*Cfr.* «Proyecto de respuesta a la carta de V. I. Zasúlich», *Obras escogidas*, 3 vols., Moscú, Progreso, tomo III, p. 163].

33. *Obras completas*, vol. 19, p. 21, cursiva añadida. [Trad. extraída de: Karl Marx, *Antología, Crítica del programa de Gotha*, Madrid, Gredos, 2011, trad. de Gustau Muñoz, p. 662]. Esta es un observación que debo a Ryuji Sasaki. Se necesita investigar a fondo los cuadernos de esta etapa y justificar la afirmación.

Capítulo 5

1. Aaron Bastani, *Fully Automated Luxury Communism: A Manifesto*, Londres, Verso, 2019, 38 [Hay trad. cast.: *Comunismo de lujo totalmente automatizado*, Madrid: Antipersona, 2020].

2. Bruno Latour, «Love Your Monsters: Why We Must Care

for Our Technologies as We Do Our Children», *Breakthrough Journal*, n.º 2 (2011), pp. 19-26.

3. Nick Srnicek y Alex Williams, *Inventing the Future: Post-capitalism and a World Without Work*, Londres, Verso, 2015, p. 15. [Hay trad. cast.: *Inventar el futuro: poscapitalismo y un mundo sin trabajo*, Barcelona, Malpaso, 2017].

4. Bastani, *Comunismo de lujo totalmente automatizado*, *op. cit.*, p. 195.

5. Sobre el «politicismo», ver *La gran bifurcación en el camino hacia el futuro*, *op. cit.*, parte 1, capítulo 2.

6. Sobre el movimiento de las asambleas ciudadanas, Naoyuki Mikami, *«Kikôhendô to minshushugi. Ôshû de hirogaru kikôshimingikai»* [Cambio climático y democracia: las asambleas ciudadanas climáticas que se extienden por Europa], *Sekai* [Mundo], junio, 2020.

7. Rob Hopkins es tajante: «No sería exagerado decir que quienes, como nosotros, vivimos en sociedades occidentales, somos los humanos más incapaces que ha habido en toda la historia de la humanidad desde el punto de vista de las destrezas prácticas individuales». Rob Hopkins, *Transition handbook. Chiiki resilience de datsusekiyushakai e*, trad. de Keiko Shirokawa, Daisan Shokan, 2008, p. 154 [*The Transition Handbook: From oil dependency to local resilience*, Transition Books, 2008]. Esta clase de impotencia, o de anulación de las capacidades, sería, en palabras de Illich, una «privación fundamental». Iván Illich, *Energy to kôsei*, trad. de Naoki Okubo, Shobunsha, 1979, p. 45. [Hay trad. cast.: *Energía y equidad: los límites sociales de la velocidad*, Madrid, Díaz & Pons, 2015].

8. Harry Braverman, *Rôdô to dokusenshihon. Nijusseiki ni okeru rôdô no suitai*, trad. de Kenji Tomizawa, Iwanami Shoten, 1978, p. 128. [Hay trad. cast.: *Trabajo y capital monopolista: la degradación del trabajo en el siglo XX*, Nuestro Tiempo, cuarta edición en castellano, 1975].

9. *El capital*, vol. 3, 1435. [Trad. extraída de: Karl Marx, *El*

capital, México, Siglo XXI, 2009, Pedro Scaron (trad. y ed.), tomo III, vol. 8, cap. XLVIII, III, p. 1044].

10. André Gorz, Écologica, París, Galilée, 2008, 48. [Hay trad. cast.: Ecológica, Madrid, Clave Intelectual, 2012].

11. Ibid., p. 16.

12. «La riqueza de los 26 más ricos es igual a la riqueza de 3.800 millones de personas. La brecha de riqueza que no para de aumentar», edición digital del periódico Asahi, 22 de enero de 2019: <https://www.asahi.com/articles/ASM1Q3PGGM1QUHBI00G.html> (en japonés) (último acceso el 15 de mayo de 2020).

Capítulo 6

1. Por supuesto, no es que de pronto se convirtieran en trabajadores diligentes; al principio vagabundearon, mendigaron y se dedicaron al pillaje, amenazando la seguridad de las ciudades. La violencia estatal fue necesaria para reeducarlos e inculcarles disciplina para que aprendieran a trabajar seriamente respetando horarios.

2. Andreas Malm, Fossil Capital: The Rise of Steam Power and the Roots of Global Warming (Londres, Verso, 2016). [Hay trad. cast.: Capital fósil: el auge del vapor y las raíces del calentamiento global, Madrid, Capitán Swing, 2020].

3. Fue un economista ambiental norteamericano, Herman E. Daly, famoso por proponer el concepto de «economía estacionaria», quien se interesó por esta paradoja. Herman E. Daly, «The Return of Lauderdale's Paradox», Ecological Economics, 25, n.º 1 (1998), pp. 21-23.

4. James Maitland, Earl of Lauderdale, An Inquiry into the Nature and Origin of Public Wealth: and into the Means and Causes of its Increase, Edimburgo, Archibald Constable and Co., 1819, p. 58, cursiva añadida.

5. Ibid., pp. 53-55.

6. Stefano B. Longo, Rebecca Clausen, y Brett Clark, *The Tragedy of the Commodity: Oceans, Fisheries, and Aquaculture*, New Brunswick, Rutgers University Press, 2015. De entrada, la llamada «tragedia de lo común» —la idea según la cual cuando un número indeterminado de personas pueden hacer uso de lo común, unos lo quieren hacer antes que otros, se crea una dinámica de saqueo y se terminan agotando los recursos— es incorrecta. Más bien, como dejaron claro las investigaciones de la economista Elinor Ostrom, laureada con el Premio Nobel, hubo muchos casos en los que tenía lugar una producción sostenible. Elinor Ostrom, *Governing the Commons: The Evolution of Institutions for Collective Action*, Cambridge, Cambridge University Press, 2015. [Hay trad. cast.: *El Gobierno de los bienes comunes: la evolución de las instituciones de acción colectiva*, Fondo de Cultura Económica, 2015].

7. David Harvey, *New Imperialism*, trad. de Tetsuya Motohashi, Aoki Shoten, 2005, p. 146. [Hay trad. cast.: *El nuevo imperialismo*, trad. de Juan Mari Madariaga, Madrid, Akal Ediciones, 2004].

8. El patrimonio de los estadounidenses ricos aumentó 62 billones en 3 meses durante la pandemia de la COVID-19: <https://www.cnn.co.jp/business/35154855.html> (último acceso el 22 de junio de 2020).

9. Esta contradicción ha sido desarrollada en los últimos años como la «paradoja de la riqueza», también con referencias a Lauderdale. John Bellamy Foster y Brett Clark, *The Robbery of Nature: Capitalism and the Ecological Rift*, Nueva York, Monthly Review Press, 2020, p. 158.

10. James Suzman, *Hontô no yutakasawa bushman ga shitteiru*, trad. de Tomoko Sasaki, NHK Shuppan, 2019. [James Suzman, *Affluence without abundance: What we can learn from the world's most successful civilization*, Bloomsbury USA, 2017]. Sobre esta cuestión me gustaría sugerir la lectura de un texto lleno de humor de Marshall Sahlins, sobre las bromas acerca de los misioneros que fueron a predicar a los samoanos, y que presenta

David Graeber. David Graeber, *Fusairon: kahei to boryoku no gosen nen*, trad. supervisada por Takashi Sakai, Ibunsha, 2016, p. 589. [Hay trad. cast.: *En deuda. Una historia alternativa de la economía*, trad. de Joan Andreano Weyland, Barcelona, Ariel, 2014].

11. Para una explicación detallada sobre la relación entre el sistema esclavista y el trabajo asalariado ver Kunihiko Uemura, *Kakusareta doreisei* [El sistema esclavista oculto], Shueisha Shinsho, 2019, capítulo 4.

12. *Colección de manuscritos de El capital*, p. 354. [*Cfr.* Karl Marx, *Elementos fundamentales para la crítica de la economía política (Grundrisse) 1857-1858*, 1, México, Siglo XXI, 2007, p. 235, trad. de Pedro Scaron].

13. Naomi Klein, *Brand nanka iranai*, trad. Seiko Matsushima, Otsuki Shoten, 2009. [Hay trad. cast.: *No logo. El poder de las marcas*, Barcelona, Paidós, 2011].

14. Foster y Clark, *The Robbery of Nature*, *op. cit.*, 253. Sobre el impacto de la publicidad en el consumo, Robert J. Brulle y Lindsay E. Young, «Advertising, Individual Consumption Levels, and the Natural Environment, 1900-2000», *Sociological Inquiry*, vol. 77, n.º 4 (2007), pp. 522-542.

15. Takeshi Wada, Kenro Taura, Yosuke Toyota, Shigo Ito, eds., *Shimin · Chiiki Kyodo Hatsudensho no Tsukurikata: minna ga shuyakuno shizen energy fukyu* [Cómo crear una central eléctrica ciudadana y local: la difusión de una energía natural en la que todos somos protagonistas], Kamokawa Shuppan, 2014, pp. 12-18.

16. *Obras completas*, vol. 16, p. 194. [*Cfr.* «La nacionalización de la tierra», en *Obras escogidas*, 3 vols., Moscú, Progreso, tomo II, p. 307].

17. *Obras completas*, vol. 17, p. 320. [*Cfr.* «La guerra civil en Francia», *Obras escogidas*, Moscú, Progreso, tomo II, p. 237].

18. Ver la nota del traductor de Johann Most, con añadidos y correcciones de Karl Marx, *Marukusu jishin no te ni yoru shihonron nyumon*, trad. de Teinosuke Otani, Otsuki Shoten, 2009, p. 165. [Johann Most, *Kapital und Arbeit*: Das Kapital

von Karl Marx in einer handlichen Zusammenfassung, Hofenberg, 2017].

19. *Alternative Models of Ownership*: <https://labour.org.uk/wp-content/uploads/2017/10/Alternative-Models-of-Ownership.pdf> (último acceso el 15 de mayo de 2020).

20. Jason Hickel, «Degrowth: a theory of radical abundance», *Real-World Economics Review*, n.º 87 (2019), pp. 54-68.

21. *El capital*, vol. 3, pp. 1434-1435. [Trad. extraída de: Karl Marx, *El capital*, México, Siglo XXI, 2009, Pedro Scaron (trad. y ed.), tomo III, vol. 8, cap. XLVIII, III, p. 1044].

22. Como decía el ecosocialista francés Cornelius Castoriadis, «el problema de la autogestión de la sociedad es un problema de autocontrol de la sociedad». Cornelius Castoriadis, Daniel Cohn-Bendit, *Ecology kara jichi e*, trad. de Kan Eguchi, Ryokufu Shuppan, 1983, p. 40. [Cornelius Castoriadis, Daniel Cohn-Bendit, *De l'écologie à l'autonomie*, Editions Le Bord de l'eau, 2014].

23. Giorgos Kallis, *Limits: Why Malthus Was Wrong and Why Environmentalists Should Care*, Stanford, Stanford University Press, 2019. [Hay trad. cast.: *Límites. Ecología y Libertad*, Arcadia, 2021].

Capítulo 7

1. «The Boogaloo: Extremists' New Slang Term for A Coming Civil War», *ADL*: <https://www.adl.org/blog/the-boogalooextremists-new-slang-term-for-a-coming-civil-war> (último acceso el 28 de julio de 2020).

2. Mike Davis, *Ekibyo no toshi ni* [En el año de la epidemia], trad. de Manuel Yang, *Sekai*, mayo 2020, p. 38.

3. Žižek, *The Courage of Hopelessness: Chronicles of a Year of Acting Dangerously, op. cit.*, pp. 67-68.

4. Thomas Piketty, *Capital et Idéologie*, París, Seuil, 2019,

p. 1112. [Hay trad. cast.: *Capital e ideología*, Barcelona, Deusto, 2019]

5. *Ibid.*, p. 60.

6. Por ejemplo, la palabra «autogestión» es clave en Castoriadis. Cornelius Castoriadis, *Shakaishugi no saisei wa kano ka: marx shugi to kakumei riron*, trad. de Kan Eguchi, Sanichi Shobo, 1987, p. 224. [Hay trad. cast.: *La institución imaginaria de la sociedad: Marxismo y teoría revolucionaria*, Barcelona, Tusquets, 2007].

7. Alexander y Gleeson, *Degrowth in the Suburbs*, op. cit., p. 179.

8. Tsugumi Kimura, «*Copenhagenshi ni "kokyo" no kaju. Machi zentai wo toshikajuen ni*» (Árboles frutales «públicos» en Conpenhage. La ciudad entera como huerto): <https://ideasforgood.jp/2020/01/18/copenhagenpublic-fruit/> (último acceso el 15 de mayo de 2020).

9. Dada la conciencia de este problema, tras el levantamiento de los bloqueos impuestos por la COVID-19, en distintas ciudades europeas se ha prohibido la circulación de automóviles y los carriles bici se están ampliando considerablemente. Cabe destacar el caso de Milán, en Italia. Esta tendencia contrasta claramente con lo que está sucediendo en países como Japón, donde la pandemia de COVID-19 ha aumentado los traslados con vehículos propios. Como demuestra claramente el ejemplo, lo importante es estar preparados en todo momento para afrontar este tipo de eventualidades.

10. Rob Hopkins, *From What is to What If: Unleashing the Power of Imagination to Create the Future We Want*, White River Junction, Chelsea Green Publishing Company, 2019, p. 126.

11. Frederic Jameson, *et al.*, Slavoj Žižek (ed.), *America no utopia. Nijukenryoku to kokuminkaihei.* Trad. Yoshiki Tajiri, *et al.*, Shoshi Shinsui, 2018, p. 2018. [Frederic Jameson, *et al.*, Slavoj Žižek (ed.), *An American Utopia: Dual Power and the Universal Army*, Verso Books, 2016].

12. Manuel Castells, *Toshi to Grassroots toshishakaiundô no hikakubunka riron*, trad. supervisada por Atsushi Ishikawa, Hoseidaigaku Shuppankyoku, 1997, p. 517. [Manuel Castells, *The City and the Grassroots: A Cross-Cultural Theory of Urban Social Movements*, University of California Press, 1985]. Algunos podrían malinterpretar mi postura acerca de la política, como si la estuviera minusvalorando, dada la crítica al «politicismo» en *La gran bifurcación en el camino hacia el futuro*. Lo relevante aquí es que sin movimientos sociales un partido político no puede funcionar. Tras la cita referida, Castells también afirma lo siguiente: «Sin partidos y sin sistemas políticos abiertos, los valores, las demandas y los deseos nacidos en movimientos sociales no solo decaen sin remedio (ocurre necesariamente siempre así), sino que incluso desaparecerán los conatos de reformas sociales y cambios institucionales».

13. Esta idea aparece también en la tesis de Carl-Erich Vollgraf, referida en Shigeru Iwasa, Ryuji Sasaki (eds.), *Marx to ecology. Shihonshugihihan to shiteno busshitsutaisha* [Marx y ecología: el metabolismo como crítica del capitalismo], Horinouchi Shuppan, 2016, p. 276.

14. Por supuesto, esto carecería de sentido si aumentase el nivel de desempleo. Es necesario compartir el trabajo. Pero dado que simplemente compartir un trabajo significaría una reducción salarial, la clave estaría en los «trabajos compartidos que impliquen aumentos salariales».

15. Kazuo Mizuno, *Tojiteyuku teikoku to gyakusetsu no nijuisseiki keizai* [El ocaso del imperio y la paradoja de la economía del siglo XXI], Shueisha Shinsho, 2017, pp. 223-225.

16. Victor, *Managing without Growth, op. cit.*, pp. 127-128.

17. *Colección de manuscritos de El capital*, p. 340. [*Cfr.* Karl Marx, *Elementos fundamentales para la crítica de la economía política (Grundrisse) 1857-1858*, 2, México, Siglo XXI, pp. 119-120, trad. de Pedro Scaron].

18. *Obras completas*, vol. 19, p. 21. [Trad. extraída de: Karl

Marx, *Antología, Crítica del programa de Gotha*, Madrid, Gredos, 2011, trad. de Gustau Muñoz, p. 662].

19. David Graeber, «Against Economics», *The New York Review of Books* (diciembre de 2019). <https://www.nybooks.com/articles/2019/12/05/against-economics/> (último acceso 22 de mayo de 2020).

20. Haruo Imano, *Sutoraiki 2.0. Black kigyo to tatakau buki* [Paro 2.0. Armas para luchar contra las empresas explotadoras], Shueisha Shinsho, 2020, pp. 68-71.

21. Naomi Klein, *On Fire: The [Burning] Case for a Green New Deal* (Nueva York, Simon & Schuster, 2019), 51. [Hay trad. cast.: *En llamas. Un (enrarecido) argumento a favor del Green New Deal*, Barcelona, Paidós, 2021].

Capítulo 8

1. *This is not a Drill: Climate Emergency Declaration*, 19. [Esto no es un simulacro: Declaración de Emergencia Climática, 19]: <https://www.barcelona.cat/emergenciaclimatica/sites/default/files/2020-01/Climate_Emergency_Declaration.pdf> (último acceso el 22 de mayo de 2020).

2. Yasuyuki Hirota, «*Cataluñashu ni okeru rentaikeizai ni genkyo. Barecelonashi wo chushin to shite*» [La situación actual de la economía colaborativa en la provincia de Cataluña, con centro en la ciudad de Barcelona], página principal de Shukousha: <https://shukousha.com/column/hirota/4630/> (último acceso el 28 de julio de 2020).

3. *Climate Emergency Declaration*, *op. cit.*, 5. [Declaración de emergencia climática]

4. Satoko Kishimoto, *Suido, futatabi koeika! Oshu · Mizuno tatakai kara nihonga manabu koto* [¡La vuelta a una gestión pública del agua! Lo que Japón debe aprender de la lucha por el agua en Europa], Shueisha Shinsho, 2020, capítulo 7. Me gustaría mos-

trar aquí mi agradecimiento a Kishimoto por lo mucho que las ideas sobre el municipalismo que se exponen en este capítulo deben a su trabajo.

5. *7 Steps to Build a Democratic Economy: The Future is Public Conference Report*, 7: <https://www.tni.org/files/publication-downloads/tni_7_steps_to_build_a_democratic_economy_online.pdf> (último acceso el 22 de mayo de 2020).

6. Andrew Bennie, «Locking in Commercial Farming: Challenges for Food Sovereignty and the Solidarity Economy», en Vishwas Satgar (ed.), *Co-Operatives in South Africa: Advancing Solidarity Economy Pathways from Below*, Pietermaritzburg, University of KwaZulu-Natal Press, 2019, p. 216.

7. Página principal de SAFSC: <https://www.safsc.org.za/> (último acceso el 22 de mayo de 2020).

8. *Obras completas*, vol. 3, p. 336. [*Cfr.* «Extracto de una comunicación confidencial», *Obras escogidas*, Moscú, Progreso, II, p. 186].

9. «¿Qué es la organización internacional de agricultores, Vía Campesina?», Shimbun Akahata, 17 de julio de 2008: <http://www.jcp.or.jp/akahata/aik07/2008-0717/ftp20080717faq12_01_0.html> (en japonés, último acceso el 22 de mayo de 2020).

A modo de epílogo

1. Erica Chenoweth y Maria J. Stephan, *Why Civil Resistance Works: The Strategic Logic of Nonviolent Conflict*, Nueva York, Columbia University Press, 2012, y, a modo de resumen, David Robson, «The '3.5 % rule': How a small minority can change the world», *BBC*: <https://www.bbc.com/future/article/20190513-it-only-takes-35-of-people-to-change-the-world> (último acceso el 24 de mayo de 2020). Las investigaciones de Chenoweth y colbs. han ejercido una gran influencia sobre el movimiento Extinction Rebellion.

Este libro ha sido publicado gracias a la ayuda a jóvenes investigadores de la Sociedad Japonesa para la Promoción de la Ciencia (JSPS, por sus siglas en inglés) al proyecto «Síntesis crítica del decrecimiento en la era de la crisis climática y el Green New Deal» (20K13466) y a la ayuda NRF-2018S1A3A2075204 de la Fundación Nacional de Investigación de Corea del Sur (NRF, por sus siglas en inglés).

Ilustraciones / MOTHER